7일 만에 끝내는
중학수학

스피드
공부법
SERIES 2

개념과 원리로
이해되고 암기되는
중학수학

김승태 지음

수학의 길을
열어주는 핵심원리
완전정복

7일 만에 끝내는

Mathematics
Seven Days

중학
수학

문예춘추사

머리말

　수학만큼 우리를 괴롭히는 과목이 또 있을까요? 나의 친구 중에는 의사들이 참 많습니다. 그들에게 가장 힘든 병인 뭐냐고 물어보면 암이 최고 힘든 병이라고 합니다. 암은 어느 정도 잡았다고 하면 변이를 일으키기 때문에 완전 정복이 무척 힘든 병이라고 합니다.

　학생들에게 물어보면 수학은 암만큼이나 무서운 과목입니다. 왜 수학이 암만큼 무서운 과목일까요? 아마도 거기에는 학교 선생님들의 다양한 출제 경향에도 원인이 있다고 봅니다. 열심히 공부를 했으면 배운 데서 출제를 해야 하는데 간혹 특이한 선생님들이 문제에 변형을 가합니다. 내가 공부한 만큼 성적이 나오지 않으면 아이들의 좌절감이 얼마나 큰지 선생님은 모를 겁니다. 또 수학만큼 문제 형식이 다양한 과목도 없을 겁니다.

　이런 이유가 수포자를 만드는 이유이기도 합니다. 내 친구 의사들을 보면 지금도 가끔씩 수학 문제를 풀면서 무료함을 달래는 친구들이 제법 있습니다. 내가 뜨악한 표정으로 그들을 쳐다보면 그들은 ”야, 이거 20년 전이나 변한 게 없어. 수학같이 답이 딱딱 나오는 세상이면 얼마나 좋아.“라고 말합니다.

그렇습니다. 어떤 이들은 수학의 패턴을 아주 좋아합니다. 나는 수학의 중요성을 감히 다음과 같이 말하고 싶습니다. 여러분들이 사회에 나가면 수학보다 더 어렵고 더 억지스러운 일을 만나게 될 겁니다. 그런 일을 극복하기 전 단계로 수학의 어려움을 이겨냈으면 합니다.

이 책의 의도는 절대 수학을 포기하지 말라는 의미로 기획한 책이기도 합니다. 여러 번 반복해서 읽다보면 반드시 수학의 즐거움을 느낄 수 있게 만들어줄 겁니다. 어쩌면 이 책은 수학을 잘하는 친구들의 책이 아니라, 수학과 담을 쌓기 전에 구원의 손길로써 필요한 책이라고 할 수 있습니다. 중학교 기초가 부족한 상태에서 고등수학의 토대를 쌓는다는 것은 가히 쉬운 일이 아닐 겁니다.

7일 만에 끝내겠다는 각오로 파고든다면 반드시 여러분들에게 수학의 길을 열어줄 겁니다. 이 책은 중학교 수학 교과서 7종을 토대로 엄선된 문제를 가장 흥미롭게 풀 수 있도록 구성하였습니다. 집필을 마무리하는 단계에서 조금 더 학생들에게 친근감 있게 다가가기 위해 여러 번 수정을 거치기도 했습니다.

혼자 독학할 수 있도록 강의 형식을 취했으며, 학생들이 좀 더 쉽게 이해할 수 있도록 어려운 부분에 첨삭을 많이 하는 등 신경을 썼습니다. 자상한 과외 선생님이 책상 옆에 앉아 이야기를 들려주듯이 설명에 설탕을 좀 뿌려보았지요.

또한 이 책에서는 중학교 교과과정에서 절대 빠져서는 안 되는 주요 개념을 다루었습니다. 수학은 큰 구조물처럼 얽혀서 이루어지는 과목입니다. 그런 이유로 이 책은 여러분들의 수학적 기초 지식을 쌓는 디딤돌 역할을 해주리라 생각합니다.

중학교 기초 지식이 부족한 고등학생들에게도 단기간 중등 수학의 핵심 지식을 쌓을 수 있는 책이 될 것입니다.

김승태

목 차

중학수학(2)

살짝 무섭지?
너무 걱정하지 말고 잘 따라가보자!

중학수학(3)

고등수학과 연결되는 기초를 탄탄히!

1일

중학수학(1)

중학수학 1의
기초를 다지자

승태쌤의 한마디!!

소인수분해에 대한 개념을 이해한 후에 정수와 유리수 개념은
물론, 사용 방법에 대해 알아봅니다. 혹시 방정식과 함수라는
말을 처음 들어봤나요? 못 들어봤다면 방정식과 항등식, 함수에
대한 뜻을 알아본 후에 일차방정식과 그 해, 함수의 그래프와
좌표를 완전히 마스터해보겠습니다.

1

정수와 유리수
그리고 손오공의 여의봉!

1. 소인수분해와 파리채

소인수분해라는 말이 너무 어렵죠. 자, 한 자 한 자 따져보겠습니다. 소인수는 한마디로 약수 중 소수인 수입니다. 소수는 자연수들 중에서 어떠한 특징을 만족시키는 놈들입니다.

그러면 자연수를 살펴보겠습니다. 1, 2, 3, 4, 5, 6, 7, 8… 이렇게 자연수는 끝없이 나열됩니다. 이 중에 소수들이 곳곳에 숨어 있습니다. 나중에 배우겠지만 소수 역시 자연수처럼 끝이 없습니다. 소수들의 양도 어마어마하게 많습니다. 그렇다면 소수는 '자연수 곳곳에 숨어 있는 끝도 없이 나열되는 수'라고 기억할 수 있겠죠? 좀 더 어렵게 말하면 '자연수의 약수에서 1과 자기 자신으로만 나누어지는 것'을 말합니다. 숫자 1부터 자세히 살펴보겠습니다.

1은 소수가 아닙니다. 왜냐면 수학자들끼리 그렇게 약속했기 때문입니다. 수학에서 '왜?'라고 따질 때 '그냥, 약속!'이라는 답을 얻을 때가 많습니다. 그다음 2는 1과 2로 나누어지죠. 그렇습니다. 2는 소수입니다. 1로도 나누어지고 자기 자신인 2로도 나누어지니까 바로 이 자연수가 우리가 찾는 소수입니다. 이렇게 찾으면 3은 소수이고 4는 아닙니다. 4는 1로 나누어지고 2로도 나누어집니다. 4로 나누어지는 것까지는 괜찮은데 2로도 나누어진 것이 문제가 되었습니다. 1과 자기 자신인 4 외에도 2로 나누어져서 4는 소수가 아닙니다. 이런 소수들이 어떤 수의 약수이면 그 수의 소인수라고 할 수 있습니다. 애석하게도 우리가 알아야 할 어려운 용어가 하나 더 생겼어요. 1은 소수가 아니었고 2와 3은 소수라고 부르면 되는데 그러면 4는 뭐라고 불러야 할까요? 교과서에서 다음과 같이 말합니다.

합성수: 1과 소수가 아닌 모든 다른 수들을 묶어서 합성수라고 부릅니다.

수 위에 있는 쪼끄만 수 지수라는 파리를 잡자

찰싹!

여러분들은 이제 합성수라는 말을 낯설게 생각하면 안 됩니다. 배웠으니까요. 자연수는 1과 소수와 합성수로만 만들어져 있습니다. 우와, 대단한 사실을 하나 알게 되었지요. 다른 친구들에게 자랑해도 좋아요. 이제 소수의 나누기인 소인수분해에 대해 알아보겠습니다. 말뜻은 어렵지만 교과서에서 나온 풀이를 일단 읽어보고 시작하도록 합니다.

소인수분해: 어떤 자연수를 소인수들만의 곱으로 나타내는 것을 소인수분해라고 합니다.

소인수분해는 앞에서 배운 소수를 이용해서 어떤 큰 수를 나누는 겁니다. 계속 나누다보면 더 이상 나누어지지 않는 상태가 될 거예요. 그것을 곱셈으로 연결해서 보기 좋게 보여주는 상태가 바로 소인수분해입니다.

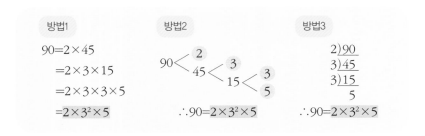

90을 여러 가지 방법으로 소인수분해한 것인데 결과는 오직 한 가지입니다. 위와 같이 세 가지 방법이 있지만 결국은 소수만 남게 됩니다. 이게 바로 소인수분해의 맛입니다. 꿀맛입니다. 하지만 소수 위에 조그맣게 쓰인 저 지수라는 놈은 소수가 아니라도 괜찮습니다. 밑에 쓰인 수만

소수이면 됩니다. 또 하나 $2 \times 3^2 \times 5$ 같은 모습을 수학에서는 거듭제곱 꼴이라고 합니다. 소인수분해는 반드시 거듭제곱 꼴로 만들어야 해요. 거듭제곱 꼴의 모습을 유심히 보면서 문제를 풀어보도록 하겠습니다.

1. 다음 중 300의 소인수만으로 짝지어진 것은 어느 것입니까?

❶ 2, 3   ❷ 2, 5   ❸ 2, 3, 5   ❹ 1, 2, 3, 5   ❺ 2^2, 3, 5^2

[풀이와 답 : 중학수학 1-1]

2. 다음 중 360의 소인수가 아닌 것을 모두 고르세요. (정답 2개)

❶ 2   ❷ 2^3 ❸ 3   ❹ 3^2 ❺ 5

[풀이와 답 : 중학수학 1-2]

2. 정수와 유리수

(1) 자연수보다 좀 더 큰 수의 이름, 정수

자연수는 우리가 알고 있는 수들, 즉 1, 2, 3, 4… 등입니다. 여기에 적외선 카메라를 들이대면 1 앞에 +가 생략되어 있습니다. 2와 3도 마찬가지입니다. 2=+2, 3=+3. 그런데 여기서 의문이 하나 생깁니다. 0은 자연수일까요? 답은 자연수가 아닌 정수입니다. 반드시 기억해주세요. 0은 자연수가 아니라 정수입니다. 그러면 정수란 무엇인가요? 그들의 가족 관계를 알아보겠습니다. 0이 어디에서 나타나는지도 관심 있게 봐주세요.

$$\text{정수} \begin{cases} \text{양의 정수(자연수): } +1, +2, +3, \cdots \\ 0 \\ \text{음의 정수 : } -1, -2, -3, \cdots \end{cases}$$

정수 가족들은 나름 대가족입니다. 자연수들을 포함하고 있으니까요. 위의 그림을 잘 보세요. 0은 홀로 당당하게 있지요. 그래서 우리는 0을 양의 정수도 아니고 음의 정수도 아닌 '당당한 0'이라고 부르는 겁니다. 이건 수학사 이야기이지만 숫자 중에서 0이 가장 나중에 생겨났습니다. 이제 정수 이야기로 돌아가서 다시 정리해보면 정수는 자연수인 양의 정수와 0, 그리고 음의 정수로 나누어져 있습니다. 사람을 머리, 몸통, 팔다리로 구분할 수 있듯이 말입니다.

1. 다음 수 중에서 양의 정수를 모두 고르세요. 또 음의 정수를 골라보세요.

   +2,   −4,   0,   −1,   7

   [풀이와 답 : 중학수학 1-3]

2. 다음 중 정수가 아닌 것은 무엇일까요? (정답 2개)

   ❶ −2   ❷ 0   ❸ 0.5   ❹ $\frac{4}{2}$ ❺ $\frac{2}{3}$

   [풀이와 답 : 중학수학 1-4]

수직선으로 알아보는 정수의 모습

이제 여의봉이 등장할 시기입니다. 수학에서 웬 여의봉 하시는 분들도 있을 거예요. 세상에는 비슷한 것이 많습니다. 여의봉이 수학에서 어떤 것과 닮았는지 알아보겠습니다. 여의봉의 특징이 뭐지요? 맞아요, 양쪽으로 쭉쭉 끝없이 늘어나는 성질입니다. 그런 수학의 무기가 여기에서 등장합니다. 볼까요?

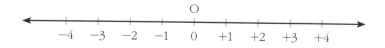

점 O(오)를 수 0(영)으로 나타내고 점 O의 좌우에 일정한 간격으로 1,

2, 3, 4 …점을 찍을 수 있습니다. 수학에서 수직선 위에 점을 찍는 행위를 대응이라고 말합니다. 반드시 알아두어야 합니다. 점을 찍을 수 있는 상태를 수학에서 대응이라고 합니다. 점 O를 기준으로 오른쪽에 있는 점들에 양의 정수 +1, +2, +3, …을 대응시키고, 왼쪽에 있는 점들에 음의 정수 −1, −2, −3, …을 대응시켜서 만든 직선을 수직선이라고 부릅니다. 우리끼리 하는 말이지만 수직선이 바로 수학의 여의봉 같지 않습니까? 원점 O를 중심으로 길게 양쪽으로 뻗어 있는 수직선 여의봉 말입니다.

1. 다음 물음에서 말하는 수를 수직선 위에 나타내시오.

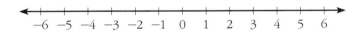

❶ A(+5), B(−4)

❷ −2에서 오른쪽으로 2만큼 떨어져 있는 수

❸ 1에서 왼쪽으로 3만큼 떨어져 있는 수

[풀이와 답 : 중학수학 1-5]

2. 다음 수들을 수직선 위에 나타냈을 때, 왼쪽에서 3번째 오는 수는 무엇입니까?

−3   −1   0   −2   1   2

[풀이와 답 : 중학수학 1-6]

(2) 분수의 모양으로 나타낼 수 있는 유리수

이제 이야기는 흘러 어느덧 유리수까지 왔습니다. 유리수는 한마디로 분수의 모양으로 나타낼 수 있는 수입니다. 그런 분수를 중학생이 되면서 유리수라고 부르게 됩니다. 말이 어려워도 중학생이 되면 매일 쓰게 되니까 알아두세요.

유리수: 분자와 분모(0이 아님)가 모두 정수인 분수로 나타낼 수 있는 수입니다.

분수는 유리수 모양으로 나타낼 수 있으니 유리수의 모습을 수를 통해서 알아보도록 하겠습니다. $\frac{1}{5}$ 은 분수이면서 유리수라고 할 수 있습니다. 유리수라는 말은 처음 들어도 분수의 모습은 많이 봤지요. 이런 모습을 통틀어 '유리수'라고 합니다. 그런데 4도 유리수라고 할 수 있습니다. 4도 분수 모양으로 만들 수 있거든요. 볼까요?

$4 = \dfrac{4}{1}$ 어떤가요? 4가 분수 모양으로 바뀌는 것을 처음 봤다고요? 초등 교과서에서도 잠시 이런 모습이 있던데요. 기억 안 나시면 다시 정리해보겠습니다. 그냥 분모 자리에 1만 써주면 됩니다. 모든 자연수를 다 이렇게 나타낼 수 있습니다. 그래서 자연수도 유리수에 포함된다고 말합니다.

> 양의 유리수(양수) : 분자, 분모가 모두 자연수인 분수에 + 부호를
> 풀로 붙인 수.
> 예: $+\dfrac{1}{2}$, $+\dfrac{2}{3}$
>
> 음의 유리수(음수) : 분자, 분모가 모두 자연수인 분수에 − 부호를
> 실로 꿰맨 수.
> 예: $-\dfrac{1}{2}$, $-\dfrac{2}{3}$

이제 또다시 0이 등장합니다. 0은 양의 유리수도 음의 유리수도 아닙니다. 그냥 0이라고 합니다. 그렇지만 0도 유리수입니다. 우리가 앞에서 0을 정수에 포함시켰기 때문입니다. 그래서 0은 자동으로 유리수에 포함된 것입니다. 양의 유리수, 0, 음의 유리수를 통틀어 유리수라고 할 수 있습니다. 유리수 가족을 소개하겠습니다. 우리가 본 수 가족 중 가장 큰 대가족입니다. 0만 혼자 놀고 있네요.

$$\text{유리수} \begin{cases} \text{정수} \begin{cases} \text{양의 정수(자연수)}: +1,\ +2,\ +3,\ \cdots \\ 0 \\ \text{음의 정수} : -1,\ -2,\ -3,\ \cdots \end{cases} \\ \text{정수가 아닌 유리수} : -\dfrac{1}{2},\ -0.3,\ \dfrac{4}{3},\ 1.7,\ \cdots \end{cases}$$

위의 그림을 보니 정수는 확실히 유리수 집안이었습니다. 유리수 집안이 정수의 가족들을 포함하고 있습니다. 시험에 잘 나오는 독특한 유리수 가족은 정수가 아닌 유리수입니다.

1. 다음 수를 보고 ( ) 안에 알맞은 수를 써 넣으시오.

$$-\frac{2}{9} \qquad +4 \qquad 1.17 \qquad +\frac{6}{2} \qquad -\frac{7}{3} \qquad -8$$

❶ 양수는 ( )개다.

❷ 정수는 ( )개다.

❸ 유리수는 ( )개다.

❹ 자연수는 ( )개다.

[풀이와 답 : 중학수학 1–7]

2. 다음 설명 중 옳지 않은 것은 어느 것입니까?

$$-5.5 \qquad \frac{4}{2} \qquad +\frac{1}{3} \qquad -\frac{5}{4} \qquad 0 \qquad -3$$

❶ 정수는 모두 3개입니다.

❷ 양의 유리수는 모두 2개입니다.

❸ 음의 유리수는 모두 3개입니다.

❹ 유리수는 모두 5개입니다.

❺ 자연수는 1개입니다.

[풀이와 답 : 중학수학 1–8]

3. 문자의 사용과 식의 값 – 문자 사용 설명서

중학생이 되면서 수학이 어려워지는 이유는 수 대신 문자를 써서 생각해야 한다는 점입니다. 그래서 중학생이 되면 마치 문자를 수처럼 생각해야 하는데 그 안에는 약간의 규칙들이 있습니다. 오늘 우리는 그 규칙을 알아볼 것입니다. 처음에는 다들 어렵게 생각하니까 너무 두려워 마세요. 많은 중학생들이 쉽게 사용하고 있으니까요. 여러분들도 익히기에 어렵지 않습니다. 게임 규칙에 비하면 아무것도 아닙니다.

곱셈 기호의 생략

1. 수와 문자, 문자와 문자 사이의 곱셈 기호는 생략합니다. 생략한다는 말은 안 써도 된다는 뜻입니다. 수학은 예를 잘 살펴보면 빨리 터득할 수 있습니다.

예) $3 \times x = 3x$ (수와 문자 사이의 곱셈 기호는 안 써도 됩니다.)

$a \times b = ab$ (a, b 사이에도 곱셈 기호는 찾아볼 수 없습니다.)

2. 수는 문자 앞에 쓰고, 문자끼리는 보통 알파벳 순서대로 씁니다. 찬물에도 위아래가 있듯이 수학은 규칙에 따라 양보해야 합니다.

예) $a \times (-3) \times b = -3ab$

곱하기로 섞여 있는 수와 문자에서 수가 맨 앞으로 나옵니다. -3이 맨 처음에 나오고 알파벳 순서대로 ab. 여기서 의문 하나, 수보다 $-$ 부호가 먼저 나오네요? 당연하지요. -3에서 $-$는 3의 것이니까 따로 떼면 안 됩니다.

3. 같은 문자의 곱은 거듭제곱으로 나타냅니다. 거듭제곱이요? 아, 그건 자기와 똑같은 수나 문자를 여러 번 반복해서 곱하라는 것입니다. 앞에서 살짝 이야기 들었지요. 기억이 안 날 수도 있습니다. 나도 잘 까먹거든요.

예) $a \times a \times a = a^3$

a를 세 번 곱하면 곱하기 기호들은 생략되어 없어지면서 a 위에 조그맣게 3이라고 쓰면 됩니다. 네 번 곱하면 4를 쓰면 됩니다. 단 작게 써야 합니다. 이렇게 작은 수는 앞에서 말했듯이 지수라고 부릅니다.

앗, 설명서가 한 장 더 있네요.

나눗셈 기호의 생략

나눗셈 기호 '÷'가 있는 식은 나눗셈 기호를 생략하고 분수의 꼴로 나타냅니다. 나누기와 분수는 서로 비슷한 성질을 가지고 있습니다.

$a \div b = \dfrac{a}{b}$ (진짜 중요한 사실 하나, 분모의 b는 0이 되면 안 됩니다. 분수의 금기 사항이지요.)

1. 다음 식을 기호 ×,÷를 생략하여 나타내세요.

$b \div 4 \times a$

[풀이와 답 : 중학수학 1–9]

2. 다음 중 a÷b÷c와 같은 것은?

❶ $a \div (b \div c)$

❷ $a \div b \times c$

❸ $a \times b \div c$

❹ $a \div (b \times c)$

❺ $a \times b \times c$

[풀이와 답 : 중학수학 1–10]

(1) 식의 값

식의 값은 수학에서 퀴즈 같은 문제입니다. 문자가 있는 식을 만들어놓고 그 문자의 값이 얼마라고 하면 그 식의 전체 값이 얼마가 되겠냐는 형식의 문제입니다. 가령 x를 사용하여 식을 만들어놓습니다. 그 옆에 x의 값이 5라고 가르쳐줍니다. '다음 식의 x자리에 5를 넣으면 값이 얼마일까요?' 하는 문제가 바로 식의 값 구하기 문제입니다. 그냥 시키는 대로 하는 것이 바로 식의 값을 구하는 것입니다. 방법이 익숙하지 않아서 힘들어 보이지만 몇 번 해보면 금방 풀 수 있습니다. 다들 배우고 나면 '아무것도 아니네.' 하면서 웃습니다.

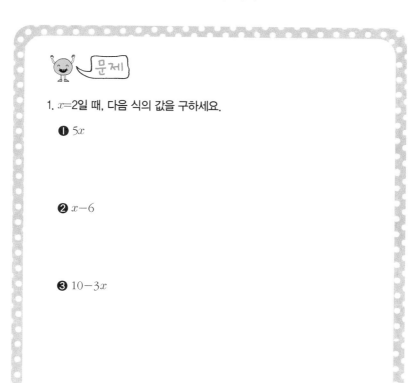

1. $x=2$일 때, 다음 식의 값을 구하세요.

❶ $5x$

❷ $x-6$

❸ $10-3x$

❹ $\dfrac{4}{x}$

[풀이와 답 : 중학수학 1-11]

2. a=−3일 때, 다음 식의 값을 구하세요.

❶ $6a+3$

❷ $-a+7$

❸ $3-2a$

❹ $\dfrac{3}{a}$

[풀이와 답 : 중학수학 1-12]

2

일차방정식은
0을 상대하는 게임이다

1. 방정식과 항등식

방정식과 항등식을 알기 전에 미리 알아 두어야 할 말이 있습니다. 그게 뭐냐면 '등식'이라는 말입니다. 사람과 원숭이는 둘 다 동물입니다. 이 말처럼 방정식과 항등식은 둘 다 등식입니다. 등식이란 쉽게 말하면 등호(=)가 있는 식을 말합니다. 등호가 있으면 무조건 등식입니다.

좌변은 한마디로 등호를 중심으로 왼쪽에 있는 식이나 수이고 우변은 등호를 중심으로 오른쪽에 있는 식이나 수입니다. 등식은 등호를 중심으로 좌변과 우변으로 나누어져 있습

니다. 그게 끝입니다. 더 이상 알아야 할 것은 없습니다.

말들이 어려워도 반드시 알아두어야 할 용어들입니다. 등호가 있는 식은 말 그대로 $x+2=4$처럼 가운데 등호라는 기호가 있으면 됩니다. 다른 이유가 있지 않으니 어렵게 생각하지 않아도 됩니다.

등식에는 크게 방정식과 항등식이라는 두 종류가 있습니다. 일단 방정식과 항등식의 기본이 되는 등식의 모습을 좀 더 알아보겠습니다.

(1) 방정식

방정식에 대해 알아보겠습니다. 방정식은 x를 포함하고 있는 식인데 x에 어떤 수를 넣어서 좌변과 우변이 같아지면 참인 방정식, 다르면 거짓으로 부르는 방정식입니다. 일단 간단한 예를 들어보겠습니다.

$x+2=5$에서 x 자리에 3을 넣으면 $3+2=5$로 식이 맞지요. 그런데 1을 넣어보세요. $1+2$는 5가 되지 않습니다. 이런 모습의 식을 우리는 방정식이라고 부릅니다.

어떤 수를 넣으면 식이 맞고 어떤 수를 넣으면 식이 틀리는 것을 방정식이라고 부릅니다. 중학교 수학에서는 무척 자주 등장하는 식입니다. 물론 고등학교 수학에도 등장합니다.

(2) 항등식

항등식도 등식의 일종이지만 방정식과는 좀 다릅니다. 방정식은 어떤 수를 x에 넣느냐에 따라 결과가 달라지지만 항등식은 그렇지 않습니다. 항등식은 x에 어떤 수를 넣더라도 등호가 반드시 같아집니다. 예를 들어볼까요?

$2x=x+x$라는 식이 있습니다.

이 식의 x에 똑같이 어떤 수를 넣어보겠습니다. 그러면 이 식은 항상 같은 결과를 가져옵니다. 간단한 수인 1을 넣어보겠습니다.

$2 \times 1 = 1 + 1$, $2 = 2$

2는 2로 같지요. 다른 어떤 수를 넣어도 같아집니다. 한번 해보셔도 좋습니다. 이런 식을 우리는 항등식이라고 부릅니다. 항상 같아지는 등식이라는 뜻이지요.

〈방정식〉	〈항등식〉
$\underset{\text{좌변}}{3x-1} = \underset{\text{우변}}{2x}$	$\underset{\text{좌변}}{2x+x} = \underset{\text{우변}}{3x}$

① $x=-1$일 때, $3 \times (-1) -1 \neq 2 \times (-1)$ (거짓)
  $x=0$일 때, $3 \times 0 - 1 \neq 2 \times 0$ (거짓)
  $x=1$일 때, $3 \times 1 - 1 = 2 \times 1$ (참)
  즉 $x=1$일 때에만 등식이 성립됩니다.
② 좌변의 식과 우변의 식이 다릅니다.
	① $x=-1$일 때, $2 \times (-1) + (-1) = 3 \times (-1)$ (참)
	  $x=0$일 때, $2 \times 0 + 0 = 3 \times 0$ (참)
	  $x=1$일 때, $2 \times 1 + 1 = 3 \times 1$ (참)
	  즉 x에 어떤 수를 대입해도 등식이 성립합니다.
	② 좌변의 식과 우변의 식이 같습니다.

방정식과 항등식 모두 등식의 자식들이지만 그들의 특징이 저렇게 다릅니다. 시험 문제는 항등식보다 방정식이 더 많이 나옵니다.

1. 다음 중 방정식인 것은 무엇입니까?

❶ $3x+2(x-1)$ ❷ $x+5=3$ ❸ $2x+1 \geq 7$

❹ $8+5=13$ ❺ $2x+7=2(x+3)+1$

[풀이와 답 : 중학수학 1-13]

2. 다음 중 일차방정식인 것에는 ○표, 아닌 것에는 ×표를 하세요.

❶ $5-2=3$ ( )   ❷ $\dfrac{1}{x}-3=1$ ( )

❸ $x^2-x=x^2+x$ ( )   ❹ $4x-8=4(x-2)$ ( )

[풀이와 답 : 중학수학 1-14]

3. 다음 등식 중에서 항등식인 것은 무엇인가요?

❶ $2x=5$ ❷ $x+2=4$ ❸ $2x-3=7x-3$

❹ $\dfrac{1}{3}x+1=\dfrac{1}{5}x-2$ ❺ $x+(x+2)=2x+2$

[풀이와 답 : 중학수학 1-15]

4. 다음 중 x의 값에 관계없이 항상 참인 등식은 무엇입니까?

❶ $2x=4$ ❷ $x-2=2-x$ ❸ $2x+4=8x+1$

❹ $2(x-2)=2x-4$ ❺ $-3(x+2)=3(x-3)$

[풀이와 답 : 중학수학 1-16]

2. 일차방정식과 그 해

일차방정식의 풀이는 이항과 등식의 성질을 이용합니다. 두 가지 방법 모두 상당히 중요하니 반드시 알아두도록 합니다. 하지만 명심해야 할 것은 둘 다 같은 부모의 자식이란 것입니다. 등식의 성질과 이항은 비슷합니다. 단지 과정 하나를 생략했을 뿐입니다.

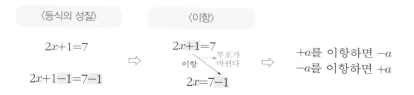

일차방정식의 풀이는 x를 찾는 과정입니다. $2x=6$이라고 나오지요. 그다음 양변을 2로 나누어주면 x의 값은 3이 됩니다. 역시 등식의 성질을 이용한 결과입니다. 양변을 같은 수로 나누어도 그 결과는 같다는 등식의 성질 말입니다. 식으로 한번 볼까요?

$$2x = 6, \quad \frac{2x}{2} = \frac{6}{2}, \quad x = 3$$

승태쌤이 볼 때는 이항도 중요하지만 등식의 성질이 더 중요한 것 같습니다.

문제

1. 다음 일차방정식을 풀어보세요.

   $2x + 10 = 4$

[풀이와 답 : 중학수학 1-17]

2. 다음 방정식을 풀어주세요.

   $5(x-1) = 3(9-x)$

[풀이와 답 : 중학수학 1-18]

3
함수는
바둑 두기다

1. 함수의 뜻

함수라는 말은 참 많이 듣는 수학 용어 중 하나입니다. 일단 함수의
자격이 되려면 x라는 것이 필요합니다. 수학에서 보통 x는 하나만 나와

도 무섭습니다. 그런데 함수는 x에다 y까지 나타납니다. 이 x와 y 사이의 관계를 함수라고 부릅니다. 좀 더 자세히 말하면 x의 값에 따라 y의 값이 변하는 결과입니다. 이 말은 수학 책에서 쓰이는 함수에 대한 해석입니다. 문제를 풀기 위한 함수의 조건 하나입니다.

x의 값 하나가 절대 y의 값 두 개 이상에 대응되어서는 안 됩니다.

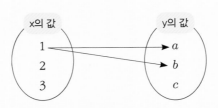

이렇게 되면 함수가 안 된다는 뜻입니다. 함수는 x 하나에 y 하나입니다.

1. 다음 중 y가 x의 함수가 아닌 것은 무엇인가요?

❶ $y=5x$

❷ $y=\dfrac{100}{x}$

❸ $y=10-x$

❹ $y=$(자연수 x보다 작은 자연수)

❺ $y=$(자연수 x의 약수의 개수)

[풀이와 답 : 중학수학 1-19]

2. 다음 중 y가 x의 함수가 아닌 것은?

❶ 한 변의 길이가 xcm인 정사각형의 둘레의 길이 ycm

❷ 자연수 x의 약수 y

❸ 시속 xkm로 5시간 간 거리 ykm

❹ 반지름의 길이가 xcm인 원의 둘레의 길이 ycm

❺ 밑변의 길이가 $6cm$, 높이가 xcm인 삼각형의 넓이 ycm^2

[풀이와 답 : 중학수학 1–20]

2. 순서쌍과 좌표

좌표를 배우기 전에 바둑판을 보겠습니다.

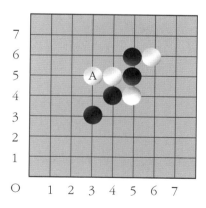

A라는 흰 바둑돌의 위치가 어디에 있다고 말할 수 있을까요? 일단

가로축을 먼저 읽어야 합니다. 수학은 항상 순서가 있거든요. 그다음 세로축을 읽습니다. A의 위치는 가로로 3이고 세로는 5가 됩니다.

이와 같이 순서를 생각하여 두 수를 짝지어 나타낸 쌍을 순서쌍이라고 합니다. 흰 바둑돌의 위치는 (3, 5)이고 3콤마 5라고 읽을 수 있습니다. 순서쌍을 생각할 때 가장 중요하게 생각할 것은 순서를 생각하여 두 수를 짝지어 나타내어야 한다는 것입니다. (3, 2)와 (2, 3)은 완전히 다른 순서쌍입니다. '가로 3과 세로 2'는 '가로 2와 세로 3'과 완전히 다릅니다.

이제 좌표평면 위의 점의 좌표를 알아보도록 하겠습니다. 이 정도는 이해해야 중학생들이 마시는 물을 먹었다고 할 수 있습니다. 평면 위에 두 수직선이 점 O에서 서로 수직으로 만날 때, 지금은 이해가 안 되더라도 그림을 보면 이해가 될 것입니다. 그럼 그림부터 볼까요?

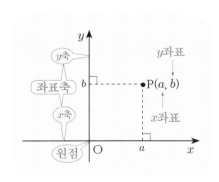

그림을 보니 x축과 y축이 서로 수직으로 각지게 만나고 있습니다. 평지처럼 가로지르는 가로선은 x축, 대나무처럼 세로로 쭉 뻗어 올라 있는 선은 y축입니다. x축과 y축을 통틀어 좌표축이라고 부릅니다. 그리고 두 좌표축의 교점 O를 원점이라고 합니다. 좌표축으로 나누어져 있는 평면을 '좌표평면'이라고 부릅니다. 우리가 알고 싶어 했던 것이 바로 좌표평면입니다. 좌표평면은 좌표축에 의해 네 부분으로 나누어집니다. 이때 이들 각각을 제1사분면, 제2사분면, 제3사분면, 제4사분면이라고 부릅니다. 사분면이 뭐냐고요? 말 그대로 4개로 나뉜 면을 말합니다. 사분면에 대한 그림을 보면 쉽게 이해가 될 것입니다.

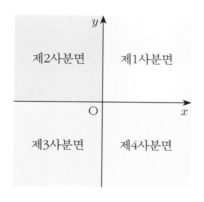

위쪽의 오른쪽 부분이 제1사분면이고 시계 반대 방향으로 돌면서 2, 3, 4분면이라고 정합니다. 우리가 알아야 할 각 사분면의 특징으로 딴것은 필요 없고 x 좌표의 부호와 y 좌표의 부호만 구별할 수 있으면 됩니다. 표로 나타내 보겠습니다.

	제1사분면	제2사분면	제3사분면	제4사분면
x 좌표의 부호	+	−	−	+
y 좌표의 부호	+	+	−	−

표를 보고 부호를 외우려고 하지 말고 그림을 통해서 이해하도록 노력해야 합니다. 제2사분면을 예를 들어 말하겠습니다. 일단 가로축을 보면 원점 O를 기준으로 왼쪽에 있으므로 −(마이너스), 그리고 세로축은 원점 O보다 위에 있으므로 +(플러스), 나머지는 이 규칙을 잘 생각해서 판단하세요. 원점, y축, x축의 관계를 잘 생각합니다. 단, 축 위의 점은 어느 사분면에도 속하지 않습니다.

1. 다음 중 제2사분면 위의 점은 몇 번입니까?

  ❶ $(3, -1)$ ❷ $(0, 4)$ ❸ $(5, 3)$

  ❹ $(-5, 7)$ ❺ $(-2, -8)$

  [풀이와 답 : 중학수학 1-21]

2. 다음 중 제4사분면 위의 점은 몇 번입니까?

  ❶ $(3, 5)$ ❷ $(-1, 2)$ ❸ $(-2, -1)$

  ❹ $(4, -2)$ ❺ $(0, -2)$

  [풀이와 답 : 중학수학 1-22]

3. 함수의 그래프

두 노인이 좌표평면을 앞에 두고 뭔가를 고심하고 있습니다. 옆에서는 도끼 자루가 썩고 있습니다. 바둑 두느라 도끼 자루가 썩는 줄도 몰랐다는 이야기입니다. 좌표평면을 보면 이 바둑 이야기가 떠오릅니다.

순서쌍 (x, y)는 $(1, 1)$, $(2, 4)$, $(3, 3)$, $(4, 2)$, $(5, 5)$이고, 이를 좌표로 하는 점을 좌표평면 위에 두 노인이 바둑을 둔다고 생각하고 한 점 한 점 위에 모두 나타내봅니다.

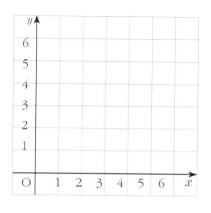 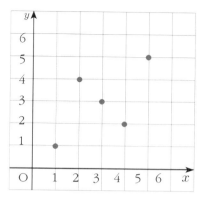

제대로 한 것 같습니다. 이와 같이 함수 $y=f(x)$에 대하여 x와 그에 대응하는 y의 순서쌍 (x, y)를 좌표로 하는 점을 좌표평면 위에 모두 나타낸 것을 그 함수의 그래프라고 부릅니다.

1. 함수 $y=3x$에서 x의 값이 −2, −1, 0, 1, 2일 때, 다음 물음에 답하세요.

(1) 아래의 표를 완성하세요.

x	−2	−1	0	1	2
y					

(2) 좌표평면에 그래프를 그려보세요. 점을 찍으면 됩니다.

[풀이와 답 : 중학수학 1−23]

2. 함수 $y=-2x$에서 x의 값이 $-2, -1, 0, 1, 2$일 때, 다음 물음에 답하세요.

(1) 아래의 표를 완성하세요.

x	-2	-1	0	1	2
y					

(2) 좌표평면에 그래프를 그려보세요.

[풀이와 답 : 중학수학 1-24]

3. x의 값이 $-4, -2, -1, 1, 2, 4$일 때, 함수 $y=\dfrac{4}{x}$ 의 그래프를 좌표평면에 그려보세요.

[풀이와 답 : 중학수학 1-25]

4. x의 값의 범위가 0을 제외한 수 전체일 때, 함수 $y=-\dfrac{2}{x}$ 의 그래프를 좌표평면에 그려보세요.

[풀이와 답 : 중학수학 1-26]

2일

∘∘∘∘∘∘∘∘∘∘
중학수학(1)

중학수학 1을
확실하게
어루만져보자

승태쌤의 한마디!!

'중학수학 1'이라, 별거 아닐 것 같나요? 그래요. 여기서
기본기를 탄탄히 다지고 가면, 후에 난이도 있는 문제도 쉽게
해결할 수 있을 거예요. 점, 선, 면이라는 기본 도형부터
작도와 합동, 그리고 평면도형과 입체도형까지 그 각각의 개념과
사용 방법을 배워봅시다.

1

기본 도형들은
수학 화가들의 작품이다

1. 점, 선, 면

피카소는 아니지만 화가가 한 사람 등장합니다. 이름하여 '수학 화가'입니다. 이 화가는 팔레트와 붓을 가지고 있습니다. 붓으로 물감을 묻혀서 점을 쿡쿡 찍기 시작합니다. 그가 말합니다.

"점이 연속하여 움직인 자리는 선이 되고, 선이 연속하여 움직인 자리는 면이 된다."

수학 화가는 이 말만 남기고 가버렸습니다.

그게 바로 우리가 오늘 배워야 할 도형에 대한 이야기입니다. 선은 무수히 많은 점으로 이루어져 있고, 면은 무수히 많은 선으로 이루어져 있습니다. 이 이야기는 고대 수학자들이 즐겨하는 이야기입니다. 지금

도 그 말은 수학에서
효력이 있습니다.

선에는 직선과 곡선이 있습니다. 면에도 평면과 곡면이 있습니다. 직육면체에는 평면들이 있고, 원기둥에는 둘러싸인 곡면들이 있습니다. 선과 선 또는 선과 면이 만나서 생기는 점을 '교점'이라 하고, 면과 면이 만나서 생기는 선을 '교선'이라고 합니다. 쉬운 내용이지만 고등학교를 졸업하는 그날까지 여러분을 따라다닐 내용입니다. 다음 그림으로 확인해보겠습니다.

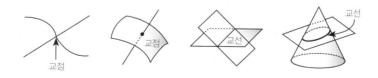

1. 다음 도형에서 교점의 개수를 구해주세요.

[풀이와 답 : 중학수학 2–1]

2. 다음 도형에서 교점과 교선의 개수를 각각 구해주세요. 중학교 1학년 2학기에 그대로 나옵니다.

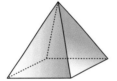

[풀이와 답 : 중학수학 2–2]

(1) 직선, 반직선, 선분

이제 직선, 반직선, 선분에 대해 알아보겠습니다.

이름	기호	그림	
직선 AB	$\overleftrightarrow{AB}$	A ———— B	$\overleftrightarrow{AB}=\overleftrightarrow{BA}$
반직선 AB	$\overrightarrow{AB}$	A ———— B	$\overrightarrow{AB}\neq\overrightarrow{BA}$
선분 AB	$\overline{AB}$	A ———— B	$\overline{AB}=\overline{BA}$

$\overrightarrow{AB}$ A · · B

$\overrightarrow{BA}$ A · · B

$\therefore \overrightarrow{AB}\neq\overrightarrow{BA}$

직선은 양쪽으로 끝없이 나아가는 여의봉 같은 특징이 있습니다. 여의봉은 양쪽으로 끝없이 늘어나는 특징이 있습니다. 위의 그림을 잘 보고 확실히 이해하도록 하세요. 반직선은 분명히 다루어야 하는 점이 있습니다. 앞에 나온 문자는 출발점이고 뒤에 나오는 문자는 방향을 나타냅니다. 예를 들어 $\overrightarrow{AB}$(반직선 AB라고 읽습니다.)는 점 A에서 출발하여 점 B 방향으로 힘차게 뻗어가라는 뜻입니다. 그래서 $\overrightarrow{AB}$ 와 $\overrightarrow{BA}$ 는 완전히 다른 뜻이 됩니다.

$\overrightarrow{BA}$(반직선 BA라고 읽습니다.)는 점 B에서 출발하여 점 A로 나아간다는 뜻입니다. 그래서 $\overrightarrow{AB}$와 $\overrightarrow{BA}$ 는 출발점도 다르고 나아가는 방향도 완전히 다릅니다.

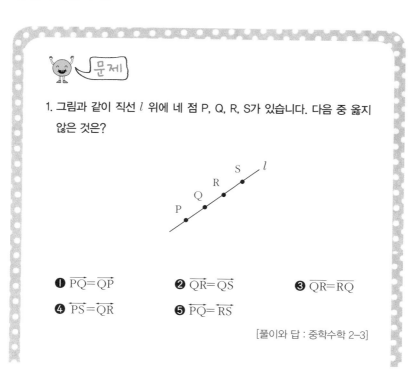

문제

1. 그림과 같이 직선 *l* 위에 네 점 P, Q, R, S가 있습니다. 다음 중 옳지 않은 것은?

❶ $\overrightarrow{PQ}=\overrightarrow{QP}$ ❷ $\overrightarrow{QR}=\overrightarrow{QS}$ ❸ $\overrightarrow{QR}=\overrightarrow{RQ}$

❹ $\overrightarrow{PS}=\overrightarrow{QR}$ ❺ $\overrightarrow{PQ}=\overrightarrow{RS}$

[풀이와 답 : 중학수학 2–3]

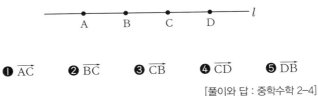

2. 다음 그림과 같이 직선 l 위에 네 점 A, B, C, D가 있습니다. 다음 중 $\overrightarrow{BD}$와 같은 것은?

❶ $\overrightarrow{AC}$　　❷ $\overrightarrow{BC}$　　❸ $\overrightarrow{CB}$　　❹ $\overrightarrow{CD}$　　❺ $\overrightarrow{DB}$

[풀이와 답 : 중학수학 2–4]

2. 위치 관계

점과 직선의 위치 관계는 서로 미워하는 관계가 아니라 다음과 같이 나눌 수 있습니다.

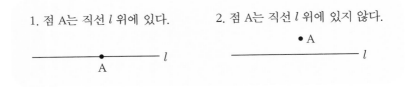

1. 점 A는 직선 l 위에 있다.　　　2. 점 A는 직선 l 위에 있지 않다.

위의 그림에서 우리를 헷갈리게 하는 것을 짚고 넘어가도록 하겠습니다. '위에 있다'는 말인데 이 말은 직선 l 위에 점이 찍혀 있는 상태입니다. 수학적으로 말하면 대응된 상태를 말하기도 합니다. 2번 그림은 직선 l 위에 있지 않다 또는 l 밖에 있다고 말합니다. 위에 있다는 뜻처럼 직선 *l* 위에 있는 상태와 말이 좀 다르지요.

이번에는 한 평면 위에 있는 두 직선 *l*, *m*의 위치 관계에 있는 세 가지 경우를 살펴보도록 하겠습니다.

한 평면에서 두 직선의 위치 관계

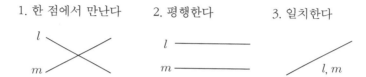

이제는 공간에서 직선과 평면의 위치 관계를 또다시 세 가지 경우로 나누어보겠습니다.

공간에서 두 직선의 위치 관계

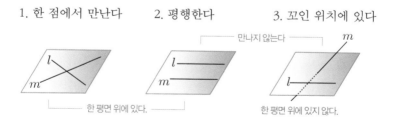

공간에서 두 직선의 위치 관계에서 무엇보다 꼼꼼히 알아야 할 것은 '꼬인 위치에 있다'는 말입니다. 1, 2는 앞에서 배운 대로지만 3번의 경우는 *l*과 *m*이 평생 만나지도 평행하지도 않는 꼬인 상태입니다. 용어로는 꼬인 위치라고 부릅니다. 그래서 꼬인 위치는 절대 한 평면 위에서 나타낼 수 없습니다. 공간에서만 나타낼 수 있는 특별한 친구입니다.

1. 다음 그림과 같은 평행사변형 ABCD에 대하여 다음을 모두 구하세요.

❶ 변 AB와 한 점에서 만나는 변 _____

❷ 변 AD와 한 점에서 만나는 변 _____

[풀이와 답 : 중학수학 2–5]

2. 그림과 같은 삼각기둥에서 다음 두 모서리의 위치 관계를 말해보세요.

❶ 모서리 CF와 모서리 DF _____

❷ 모서리 AB와 모서리 EF _____

❸ 모서리 AC와 모서리 DF _____

[풀이와 답 : 중학수학 2–6]

3. 각

각이란 벌어진 정도를 나타내는 도형을 말합니다. 수학적으로 표현하면 한 점 O에서 시작하는 두 반직선 OA와 OB로 이루어진 도형입니다.

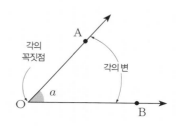

각의 꼭짓점이 보이지요. 조심하세요. 꼭 찍힌다고 꼭짓점이라고 생각하는 사람도 있으니까요. 이것을 읽을 때 사람들은 각 AOB 또는 각 BOA라고 읽습니다. 쓸 때는 다음과 같이 쓰기도 합니다.

∠AOB 또는 ∠BOA

간단한 것을 좋아하는 사람은 ∠a 또는 ∠O 라고 씁니다.

맞꼭지각

두 직선이 한 점에서 만날 때 마주 보는 한 쌍의 각을 맞꼭지각이라고 합니다. 맞꼭지각의 크기는 언제나 같습니다.

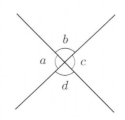

$\angle a = \angle c$, $\angle b = \angle d$

직교

직교한다는 말은 한마디로 직각으로 만난다는 뜻입니다. 직각은 90도를 나타내는 말입니다. 90도로 만나는 상태를 직교라고 부릅니다. 이

때 '교'자는 교차로 할 때 그 교와 같은 말입니다.

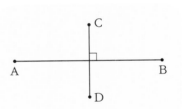

기호로 나타낼 수 있는 것이 아주 중요합니다. $\overline{AB} \perp \overline{CD}$, 이때 선분 AB와 선분 CD는 서로 수직이고, 한 선분은 다른 선분의 수선이라고 합니다. 수선이란 수직으로 두 선분이 만날 때 서로를 가리키는 용어입니다.

1. 다음 그림과 같이 두 직선이 한 점에서 만날 때, x의 값을 구하세요.

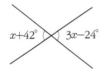

$x+42°$ $3x-24°$

[풀이와 답 : 중학수학 2-7]

2. 다음 그림과 같이 세 직선이 한 점에서 만날 때, x의 값은 얼마인가요?

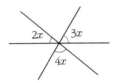

$2x$ $3x$
$4x$

[풀이와 답 : 중학수학 2-8]

2

작도와 합동
붕어빵 찍어대기

1. 간단한 도형의 작도

수학에서 작도라는 단원은 상당히 오랜 전통을 자랑하는 부분입니다. 작도는 눈금이 없는 자와 컴퍼스만을 사용하여 도형을 그리는 것을 말합니다. 이때 눈금이 없는 자는 두 점을 연결하는 선분을 그리거나 선분을 연장하는 데 사용됩니다. 그래서 눈금이 있는 자까지는 필요하지 않습니다. 그리고 컴퍼스는 원을 그리거나 주어진 선분의 길이를 옮기는 데만 사용하기로 했습니다. 이제부터 눈금 없는 자와 컴퍼스의 모험을 펼칠 것입니다.

(1) 길이가 같은 선분의 작도

첫 번째 여행은 길이가 같은 선분의 작도입니다. 다음의 문제를 풀어봅시다.

1. 다음 그림의 선분 AB와 길이가 같은 선분 CD를 직선 l 위에 작도하세요.

[풀이와 답 : 중학수학 2-9]

2. 주어진 $\overline{AB}$를 점 B쪽으로 연장하여 길이가 $\overline{AB}$의 2배인 $\overline{AC}$를 작도하세요.

[풀이와 답 : 중학수학 2-10]

(2) 크기가 작은 각의 작도

두 번째 여행을 떠나봅시다. 컴퍼스와 눈금 없는 자를 이용하여 이번에는 각을 옮겨보도록 하겠습니다. 좀 더 높은 기술이 필요합니다.

1. 다음 그림의 ∠XOY와 크기가 같은 각을 반직선 PQ 위에 옮겨보세요.

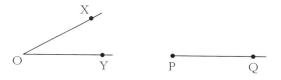

[풀이와 답 : 중학수학 2–11]

2. 다음 그림의 ∠XOY와 크기가 같은 각을 반직선 PQ로 옮겨보세요.

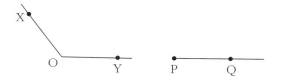

[풀이와 답 : 중학수학 2–12]

2. 삼각형 작도와 합동

삼각형에 대한 짧은 이야기를 조금 한 후에 작도와 합동에 대해 설명하겠습니다. 삼각형을 그릴 때 반드시 알아야 할 조건은 가장 긴 선분의 길이가 아무리 길더라도 나머지 두 선분의 길이의 합보다는 작아야 한다는 것입니다. 안 그러면 삼각형이 만들어지지 않습니다.

(1) 삼각형의 작도

삼각형의 작도는 세 가지 경우로 작도할 수 있습니다.

1. 세 변의 길이가 주어질 때
2. 두 변의 길이와 그 끼인각의 크기가 주어질 때
3. 한 변의 길이와 그 양 끝 각의 크기가 주어질 때

1. 세 변의 길이가 주어질 때

이것에 대한 설명은 말보다 그림이 더 빠릅니다. 한 가지 힌트를 주자면 가장 긴 변을 먼저 밑에 깔고 생각하는 것이 좀 편리합니다.

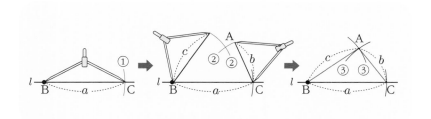

컴퍼스가 바쁘게 움직이니 삼각형 하나가 뚝딱 생깁니다. 이처럼 세 변을 알고 있으면 삼각형 하나를 만들 수 있습니다.

2. 두 변의 길이와 그 끼인각의 크기가 주어질 때

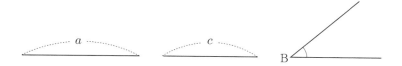

나중에 그 중요성을 알게 되겠지만 반드시 끼인각이어야 합니다. 다른 각은 안 됩니다.

다음 그림을 보세요. 삼각형의 탄생 신화라 할 수 있습니다.

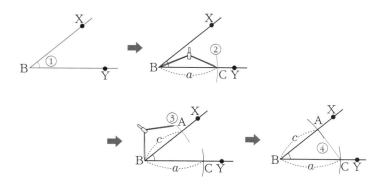

출발은 각에서 시작했습니다. 먼저 각을 그려놓고 시작해야 합니다. ④번에서 AC를 눈금 없는 자로 연결시키며 마무리합니다.

3. 한 변의 길이와 그 양 끝 각의 크기가 주어질 때

여기서 알아두어야 할 사항으로는 양 끝 각의 합이 반드시 180도보다 작아야 한다는 것입니다. 왜냐하면 삼각형의 세 내각의 합이 180도가 되어야 하기 때문에 두 각의 합이 180도보다 작아야 삼각형을 만들 수 있습니다.

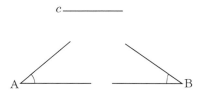

이번에도 눈금 없는 자와 컴퍼스만을 이용하여 그려보겠습니다. 수행 평가에 대한 확실한 연습입니다. 이번에는 변을 먼저 깔고 앞에서 배운 각을 옮기는 방법을 사용해야 합니다.

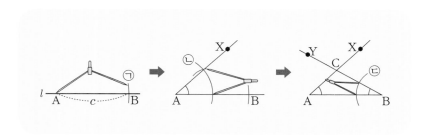

그림을 그리는 순서가 중요합니다. 그게 바로 시험 문제입니다.

1. 다음 그림은 주어진 조건에 의해 삼각형 ABC를 작도한 것입니다. 작도 순서를 말해보세요.

세 변의 길이 a, b, c가 주어질 때

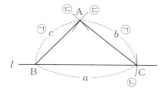

[풀이와 답 : 중학수학 2-13]

2. 다음은 주어진 조건에 의해 삼각형 ABC를 작도한 것입니다. 작도 순서를 말하세요.

두 변의 길이 a, b와 그 끼인각의 크기 ∠C가 주어질 때

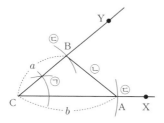

[풀이와 답 : 중학수학 2-14]

(2) 삼각형의 합동과 붕어빵

합동이란 한 도형의 모양과 크기를 바꾸지 않고 이동시켜 다른 도형에 완전히 포갤 수 있을 때, 두 도형을 서로 '합동'이라고 합니다. 그래서 합동은 모양과 크기가 언제나 같습니다. 붕어빵의 모양과 크기도 다 똑같습니다. 그래서 붕어빵은 합동입니다.

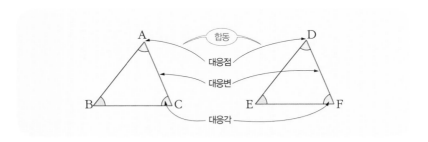

합동을 잘 이해하려면 대응이라는 말을 알아야 합니다. 합동인 두 도형에서 서로 포개어지는 꼭짓점, 변, 각을 각각 서로 '대응한다'고 합니다.

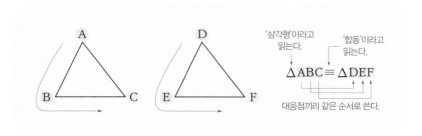

두 삼각형이 서로 합동이 되면 기호는 △ABC≡△DEF로 나타냅니다. ≡ 등호보다 작대기 하나가 더 많습니다. 알면 겁나게 편한 상식입니다.

1. 다음 그림에서 △ABC≡△DEF일 때, 다음을 구해보세요.

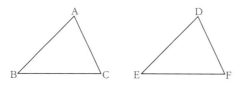

❶ 꼭짓점 A의 대응점 _____

❷ 변 BC의 대응변 _____

❸ ∠C의 대응각 _____

[풀이와 답 : 중학수학 2-15]

2. 다음 그림에서 △ABC≡△DEF일 때, 다음을 구해보세요.

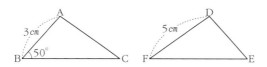

❶ $\overline{DE}$의 길이 _____

❷ $\overline{AC}$의 길이 _____

❸ ∠E의 크기 _____

[풀이와 답 : 중학수학 2-16]

3

평면도형과 입체도형의 성질
그들도 나름의 성질이 있다!

1. 원과 부채꼴

(1) 원

원은 동그란 것이라고 말하면 초등학생 수준의 답변입니다. 중학생이 되면 원의 정의는 '평면 위의 한 점으로부터 일정한 거리(반지름)에 있는 모든 점으로 이루어진 도형'이라고 말합니다. 한 점을 점 O라고 하고 그 점을 원의 중심이라 읽습니다. 원의 중심에서 원 위의 한 점을 이은 선분이 원의 반지름이 됩니다.

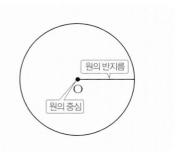

원은 원의 중심과 반지름만 알면 원의 모든 것을 다 알았다고 할 수 있습니다.

원의 중심에서 원의 둘레 위의 아무 점과 연결해도 그것을 '반지름'이라 부릅니다. 그래서 한 원에서 반지름은 무수히 많다고 할 수 있습니다. 원과 부채꼴의 관계를 다음 그림으로 살펴보겠습니다. 이 그림만 잘 이해해도 원과 부채꼴에서 나오는 문제는 거의 다 맞출 수 있습니다.

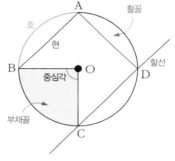

그림이 꽤 복잡하지요. 꼼꼼히 잘 살펴보세요. 원에 대한 모든 용어들이 다 나옵니다. 이제 하나하나 설명하겠습니다. 호에 대해 먼저 이야기해보겠습니다. 호는 원의 둘레의 일부분입니다. 그래서 호는 원주와 관계가 있습니다. 원주는 원을 둘러싸고 있는 모습, 즉 테두리입니다. 그 호를 직선으로 잘라내면 잘린 선이 바로 현이 됩니다. 할선은 현이 생기도록 잘라내는 선을 말합니다. 원을 통과하는 직선이지요.

원의 중심에서 생기는 각이 바로 중심각입니다. 꼭지각이 반드시 중심에 있어야 합니다. 부채꼴은 중심각을 꼭짓점으로 하고 부채 모양으로 펼쳐진 모습입니다. 부채꼴은 두 반지름과 호로 이루어진 도형입니다. 활꼴은 호와 현으로 이루어집니다.

문제

1. 다음 설명 중 옳은 것은 O표, 옳지 않은 것은 X표를 하고 옳지 않은 것은 그 이유를 말하세요.

❶ 원의 중심을 지나는 현은 지름입니다.

(,   )

❷ 원의 현 중 가장 긴 것은 지름입니다.

(,   )

❸ 부채꼴은 호와 현으로 이루어진 도형입니다.

(,   )

[풀이와 답 : 중학수학 2–17]

2. 다음 설명 중 옳은 것은 O표, 옳지 않은 것은 X표를 하고 옳지 않은 것은 그 이유를 말하세요.

❶ 활꼴은 두 반지름과 호로 이루어진 도형입니다.

(,   )

❷ 부채꼴과 활꼴이 같아지는 때도 있습니다.

(,   )

❸ 한 원에서 부채꼴과 활꼴이 같아질 때,
   중심각의 크기는 90도입니다.

(,   )

[풀이와 답 : 중학수학 2–18]

(2) 부채꼴의 중심각의 크기와 호의 길이와 넓이

한 원 또는 합동인 두 원에서

1. 중심각의 크기가 같은 두 부채꼴의 호의 길이는 같습니다. 한마디로 벌어진 만큼 길이가 같다는 뜻입니다. 호는 원주의 부분이니까요.

2. 호의 길이가 같은 두 부채꼴의 중심각의 크기는 같습니다. 앞의 말을 반대로 한 것인데 수학에서 어떤 문장이 완전히 옳으려면 반대로 해도 참이 됩니다.

3. 부채꼴의 호의 길이는 중심각의 크기에 비례합니다. 비례한다는 말은 같은 비율로 늘어난다는 뜻입니다. 각이 2배로 늘어나면 호도 그에 따라 2배로 늘어납니다.

다음 그림을 보면 이해하기 더 편할 것입니다.

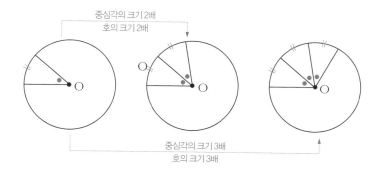

길이에 대한 설명은 이쯤이면 됐고 이제 넓이에 대한 이야기를 해보겠습니다. 넓이는 부채꼴의 넓이를 말하는 것입니다.

한 원 또는 합동인 두 원에서

1. 중심각의 크기가 같은 두 부채꼴의 넓이는 같습니다. 같은 반지름의 길이를 갖기 때문입니다. 한 원 또는 합동인 두 원은 반지름이 같은 원이라는 말입니다.

2. 넓이가 같은 두 부채꼴의 중심각의 크기는 같습니다. 이것 역시 앞뒤를 바꾸어도 말이 된다는 것을 보여주려고 하는 말입니다.

3. 부채꼴의 넓이는 중심각의 크기에 비례합니다. 같은 비율로 늘어난다는 뜻이지요.

이것 역시 다음 그림을 보면서 잘 생각해보면 이해가 빠릅니다.

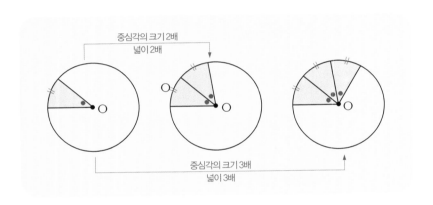

드디어 골칫덩어리 등장! 하지만 시험의 단골 메뉴입니다.

(3) 부채꼴의 중심각의 크기와 현의 길이와의 관계

한 원 또는 합동인 두 원에서

1. 중심각의 크기가 같은 두 부채꼴의 현의 길이는 같습니다. 같은 것에 대해 같은 것은 별 문제가 될 것이 없습니다.

2. 1번 말을 거꾸로 한 현의 길이가 같은 두 부채꼴의 중심각의 크기는 같습니다. 현은 호와 같은 곡선이 아니라 직선입니다.

3. 현의 길이는 중심각의 크기에 비례하지 않습니다. 여기서부터 나오는 말은 신경 써서 봐야 합니다. 다음 그림을 보면서 이해해보겠습니다.

각 AOB에서 각 AOC의 각은 두 배로 늘어나지만 현은 두 배로 늘어나지 않습니다. 현은 두 점을 연결하는 직선이기 때문입니다. 직선을 나타내는 현은 점 A에서 점 C로 바로 가니까 선분 AB와 선분 BC를 더한 것보다 더 작게 됩

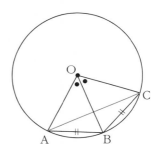

니다. 각이 두 배로 늘어난다고 현의 길이가 두 배로 늘어나는 것이 아닙니다. 그래서 현의 길이는 각의 크기에 비례하지 않는다는 것입니다. 여기서 부채꼴에서 호의 길이는 중심각의 크기에 비례하지만 현의 길이는 비례하지 않는다는 중요한 사실이 등장합니다.

1. 다음 그림의 원 O에서 x의 값을 구하세요.

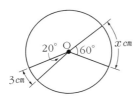

[풀이와 답 : 중학수학 2–19]

2. 다음 그림의 원 O에서 x의 값을 구하세요.

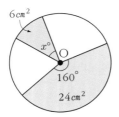

[풀이와 답 : 중학수학 2–20]

2. 다면체와 회전체

다면체는 다각형인 면으로만 둘러싸인 입체도형입니다. 다각형이라는 것은 삼각형, 사각형, 오각형처럼 직선으로 둘러싸인 도형입니다. 그래서 모서리가 각이 져 있습니다.

다면체의 구성 요소로는 면, 모서리, 꼭짓점으로 만들어져 있습니다. 다면체의 종류로는 각기둥, 각뿔, 각뿔대 등이 있습니다. 각뿔대는 각뿔을 바닥 면에 수평이 되도록 잘라낸 아래 부분을 말합니다.

다면체들

삼각뿔(사면체)   사각기둥(직육면체)   사각뿔대(육면체)

이제 회전체에 대해 이야기해 보겠습니다. 회전체는 세로축을 중심으로 평면도형을 1회전시켜서 만든 입체도형을 말합니다. 회전체의 메뉴로는 원뿔, 원기둥, 원뿔대가 있습니다. 역시 원뿔대가 까다로운 메뉴에 속합니다. 회전

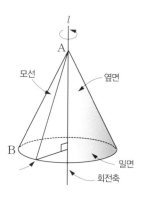

체의 구성 요소에 대한 이야기를 해보겠습니다. 회전체의 구성 요소로는 회전축, 옆면과 모선이 있습니다. 모선은 모서리와는 다릅니다. 모서리는 그 위치가 정해져 있지만 모선은 선처럼 보일 뿐입니다. 그림을 보면 이해가 될 것입니다. 그래서 원뿔의 모선은 무수히 많습니다.

1. 다음 보기의 입체도형에서 조건에 알맞은 것을 모두 골라보세요.

| 보기 |
1. 직육면체	2. 정사면체	3. 원뿔	4. 사각뿔
5. 원뿔대	6. 육각기둥	7. 오각뿔대	8. 정팔면체
9. 원기둥	10. 구		

(1) 다면체

(2) 회전체

[풀이와 답 : 중학수학 2-21]

2. 다음 중 회전체가 아닌 것은 무엇입니까?

❶ 구

❷ 원기둥

❸ 원뿔대

❹ 삼각뿔

❺ 원뿔

[풀이와 답 : 중학수학 2-22]

3일

중학수학(2)

다부진 마음 먹고
중학수학 2에
도전하기

승태쌤의 한마디!!

이번엔 굳은 결심, 다부진 마음이 필요한 단계입니다.
유리수, 소수, 그리고 순환소수부터 연립일차방정식,
부등식에 대해 알아봅니다. 조금 어렵게 느껴질 수 있지만,
모르는 것을 자세히 들여다보고, 한 번 더 생각해보고,
고민하다보면 그 어떤 문제도 못 풀게 없습니다.
이제 시작할까요?

1

유리수와
순환소수

1. 유리수와 소수

수학은 느낌도 중요합니다. 다음 식을 보며 뭔가를 느껴보세요.

$$\frac{10}{5} = 10 \div 5 = 2, \quad \frac{18}{3} = 18 \div 3 = 6$$

여기까진 별로 느끼는 게 없다고요? 그럼 이번에는 분수를 소수로 고쳐보겠습니다.

$$\frac{9}{100} = 9 \div 100 = 0.09, \quad \frac{7}{4} = 7 \div 4 = 1.75$$

분자를 분모로 나누어보니 소수가 나타나기 시작합니다. 그래도 여기까진 봐줄 만합니다. 이런 소수를 '유한소수'라고 부릅니다. 소수점 아래에 끝이 있다는 뜻이지요.

$$\frac{7}{9} = 7 \div 9 = 0.777\cdots, \quad \frac{4}{11} = 4 \div 11 = 0.363636\cdots,$$

소수점 아래에서 숫자들이 무한 반복하고 있습니다. 이런 소수는 '무한소수'입니다. 소수점 아래가 끝이 없다는 뜻입니다.

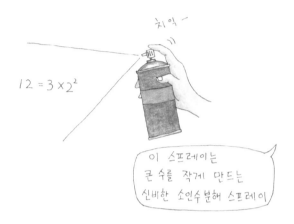

그런데 이런 분수의 특징을 잘 살펴보면 어떤 분수는 유한소수로 나타낼 수 있고 어떤 분수는 무한소수가 됩니다. 그 구분법에는 특수한 약품이 필요한데 그 약품 이름은 여러분도 알고 있습니다. 앞에서 열심히 공부한 학생이라면 '소인수분해'라는 약품 이름을 들어봤을 것입니다.

약품명: 소인수분해

효능: 수를 소수로 나누어 소인수들의 거듭제곱인 상태로 만들기

소수로 나누기 전에 분수를 먼저 기약분수 상태로 약분시킵니다. 단, 여기서 소수는 약수가 1과 자신밖에 없는 자연수를 말합니다. 이 상태에서 분모에 소인수분해라는 약을 먹여 분모가 어떤 소수들로 이루

어졌는지 살핍니다. 소인수분해 상태의 소인수들이 2나 5뿐이면 그 분수는 유한소수가 됩니다. 만약 2나 5이외의 다른 소수들이 나오면 그것은 유한소수가 되지 않고 무한소수가 됩니다. 이 방법을 사용하면 분자 나누기 분모를 해야 하는 번거로움을 없앨 수 있습니다. 예를 들어볼까요?

$$\frac{7}{20} = \frac{7}{2^2 \times 5} = \frac{7 \times 5}{2^2 \times 5^2} = \frac{35}{10^2} = \frac{35}{100} = 0.35$$

거듭제곱 모양으로 바꾸어 유한소수로 만드는 과정을 정리해보면 약분이 된 상태에서 분모를 소인수분해시키고 그다음 소인수들이 2나 5만 있으면 나누기를 안 해도 그 분수가 유한소수인지 무한소수인지 알 수 있습니다.

1. 다음은 분수를 소수점 아래의 끝이 있는 유한소수로 나타내는 과정입니다. ( ) 안에 알맞은 수를 써넣으세요.

$$\frac{1}{4} = \frac{1 \times (\ )}{2^2 \times (\ )} = \frac{25}{(\ )} = (\ )$$

[풀이와 답 : 중학수학 3–1]

2. 다음은 분수를 유한소수로 나타내는 과정입니다. ( ) 안에 알맞은 수를 써넣으세요.

$$\frac{9}{40} = \frac{9}{2^3 \times 5} = \frac{9 \times (\ )}{2^3 \times 5 \times (\ )} = \frac{(\ )}{1000} = (\ )$$

[풀이와 답 : 중학수학 3–2]

2. 유리수와 순환소수

이제 피처럼 바쁘게 인체를 순환하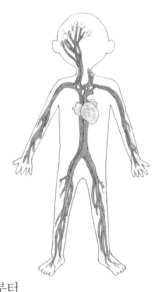
는 듯한 순환소수에 대해 알아보겠습
니다. 앞에서 살짝 모습을 비췄지만
이번 단원에서 본격적으로 알아보
도록 하겠습니다. 순환이라는 말이
어렵게 느껴지는 학생들을 위해 다
시 말하면 '계속 반복된다'는 뜻입
니다.

분수 $\frac{7}{9}$, $\frac{4}{11}$ 을 소수로 나타내면
$\frac{7}{9}=0.777\cdots$, $\frac{6}{11}=0.545454\cdots$ 입니다.

이와 같이 소수점 아래의 어떤 자리에서부터
일정한 숫자들이 피가 순환하듯이 끝없이 되풀이되는 무한소수를 '순
환소수'하고 하며, 이때 일정하게 되풀이되는 소수점 아래의 한 부분을
'순환마디'라고 합니다. 이러한 소수를 순환소수로 표현해보면 순환마
디의 양 끝의 숫자 위에 점을 찍어 나타낼 수 있습니다. 긴 순환소수의
모습을 간단히 표현할 수 있습니다.

예) $0.33333\cdots=0.\dot{3}$, $0.123123123\cdots=0.\dot{1}2\dot{3}$

순환마디의 처음과 마지막에만 점을 찍어 표현합니다.

문제

1. 다음 분수를 순환소수로 나타내고, 순환마디를 말하세요.

$$\frac{8}{9}$$

[풀이와 답 : 중학수학 3-3]

2. 다음 분수를 순환소수로 나타내고, 순환마디를 말해보세요.

$$\frac{23}{99}$$

[풀이와 답 : 중학수학 3-4]

(1) 순환소수를 분수로 고치는 방법

이 문제는 시험에 백발백중 나옵니다. 진짜 잘 알아두세요. 소수점 아래에서 끝없이 달려가는 녀석을 어떻게 멈추어서 분수로 나타낼 수 있을까요? 많은 수학자들이 고민을 했고 결국 수학자들이 승리하였습니다.

순환소수를 분수로 만드는 방법에는 두 가지 유형이 있는데 여기서 모두 소개하겠습니다. 예를 들면서 방법을 보여드리겠습니다. 아 참, 한 가지 사실 순환소수는 분수로 고칠 수 있으므로 유리수라고 말할 수 있습니다. 앞에서 유리수를 말할 때 분수로 나타낼 수 있으면 모두 유리수라고 했습니다. 기억해두세요!

순환소수 $0.\dot{8}\dot{5}$를 분수로 나타낼 테니 잘 보세요. 일단 $0.\dot{8}\dot{5}$를 x라고 하면

$x = 0.85858585\cdots$　---------- ①

①의 양변에 100을 곱합니다. 소수 아래에 수들이 두 개 있으니까 100을 곱하는 것입니다.

$100x = 85.858585\cdots$　---------- ②

②에서 ①을 변끼리 빼면

$99x = 85$

따라서 입니다. $x = \dfrac{85}{99}$

변끼리 빼는 장면에서 정지 동작으로 자세히 보여주겠습니다.

$$
\begin{array}{r}
100x = 85.858585\cdots \\
-)\ \ \ \ \ \ x = \ \ 0.858585\cdots \\
\hline
99x = 85 \ \ \ \ \ \ \ \ \ \ \ \
\end{array}
$$

정지 동작을 자세히 보면 왜 빼는지 알겠습니까? 이렇게 하면 무한대로 달려가는 녀석들끼리 뺄 수가 있습니다. 놀랍지 않습니까? 끝없는 녀석을 끝없는 녀석으로 빼버리는 이 오묘한 방법 말입니다.

1. 다음은 순환소수를 기약분수로 나타내는 과정입니다. ( ) 안에 알맞은 수를 써넣으세요.

$$0.1\dot{2}$$

$x=0.1\dot{2}=0.121212\cdots$ 로 놓으면

$$100x=12.121212\cdots$$

$$-)\quad\quad x=\ \ 0.121212\cdots$$

$$(\quad)x=(\quad)$$

$$\therefore x=(\quad)$$

[풀이와 답 : 중학수학 3–5]

2. 다음은 순환소수를 기약분수로 나타내는 과정입니다. ( ) 안에 알맞은 수를 써넣으세요.

$$0.\dot{4}5\dot{6}$$

$x=0.\dot{4}5\dot{6}=0.456456\cdots$ 으로 놓으면 다음과 같습니다.(소수점 아래의 수가 세 개이므로 1000을 곱해주세요.)

$$1000x=456.456456\cdots$$

$$-)\quad\quad x=\ \ 0.456456\cdots$$

$$(\quad)x=(\quad)$$

$$\therefore x=(\quad)$$

[풀이와 답 : 중학수학 3–6]

이제 순환소수를 고치는 다른 방법을 소개합니다. 약간의 차이가 있으니 잘 보세요.

순환소수 $0.2\dot{3}\dot{6}$을 분수로 나타낼 것입니다. $0.2\dot{3}\dot{6}$을 x라고 하면

$x=0.2363636\cdots$ ---------- ①

2는 한 번만 쓰고 36만 계속 반복되지요. 이게 약간의 차이입니다. 근본적인 방법이 다른 것은 아닙니다. 그래서 ①의 양변에 10과 1000을 각각 곱하여 두 개의 식을 만듭니다.

$10x=2.36363636\cdots$ ---------- ②

$1000x=236.363636\cdots$ ---------- ③

반복되는 36을 없애기 위해 이와 같은 전략을 쓰는 것입니다. ③에서 ②를 변끼리 빼면 $990x=234$로 귀찮은 소수 아래의 36들이 사라졌습니다. 이 과정에서 자세히 보면 알겠지만 부득이하게 $236-2$가 함께 빠져나갔습니다.

따라서 $x = \dfrac{234}{990} = \dfrac{13}{55}$, 이것도 정지 화면으로 보여주겠습니다.

$$
\begin{array}{r}
1000x=236.363636\cdots \\
-)\quad 10x=2.363636\cdots \\
\hline
990x=234
\end{array}
$$

1. 다음 순환소수를 분수로 나타낼 때, 보기에서 가장 편리한 식을 찾으세요. 이 문제는 생각해보면 간단한 문제입니다.

| 보기 |

ㄱ. $10x-x$ ㄴ. $100x-x$ ㄷ. $100x-10x$

ㄹ. $1000x-x$ ㅁ. $1000x-10x$ ㅂ. $1000x-100x$

❶ $x=0.\dot{6}$ ❷ $x=7.2\dot{6}$ ❸ $x=0.\dot{1}\dot{2}$

❹ $x=0.4\dot{1}\dot{3}$ ❺ $x=3.16\dot{5}$ ❻ $x=0.\dot{2}3\dot{4}$

[풀이와 답 : 중학수학 3-7]

2. 순환소수를 분수로 나타낼 때, 다음 중 $1000x-10x$를 사용하여 계산하면 가장 편리한 수는?

❶ $x=2.0\dot{3}$ ❷ $x=0.\dot{1}2\dot{4}$ ❸ $x=4.20\dot{5}$

❹ $x=1.5\dot{7}\dot{4}$ ❺ $x=3.\dot{2}\dot{9}$

[풀이와 답 : 중학수학 3-8]

2

연립일차방정식
기본은 퍼즐 맞추기다!

1. 미지수가 2개인 일차방정식

먼저 미지수라는 말을 알아야 합니다. 모르는 수를 어떻게 나타낼까 고민하다가 미지수라는 것을 만들어냈습니다. 잘 모르겠다고 만들어진 수가 미지수입니다. 초등학생일 때는 네모로 나타냈지만 중학생이 되면 미지수 x로 나타냅니다. 그런데 문제는 또 다른 수 하나를 모를 때 입니다. 그래서 그다음 등장하는 미지수는 y로 나타내기로 했습니다. 미지수가 2개라고 하면 x, y를 말한다고 생각하면 됩니다. 그다음에 알아야 할 용어는 '일차'라는 말입니다. 이것은 미지수 x, y의 차수가 1이라는 뜻입니다. 예를 들어 x 위에 2가 있는 x^2은 이차라고 부릅니다. x 위에는 1이 생략되어 있습니다. 그래서 x만 있으면 일차라고 봅니다. 방정식은 앞에서 이야기한 그 방정식이 맞습니다. 등호가 들어 있는 식입니다.

미지수가 2개인 일차방정식의 모습을 좀 더 알아보겠습니다.

$$ax+by+c=0$$

오, 단단하게 생겼습니다. 근데 약점이 있습니다. a와 b가 0이 되면 안 됩니다. a와 b가 0이 되면 x와 y가 사라집니다. 0을 곱하면 어떤 수라도 다 0이 되기 때문입니다. x와 y가 0을 만나 없어지면 미지수가 2개인 일차방정식이 아닙니다. 팥빵에 팥이 없으면 팥빵이 아니듯이 말입니다.

1. 다음 중 미지수가 2개인 일차방정식은 어떤 것입니까?

❶ $x^2+y+1=0$ ❷ $x+2y=x-y-1$ ❸ $(x-y)-2y$

❹ $x=2y-3$ ❺ $xy+x=2$

[풀이와 답 : 중학수학 3-9]

2. 다음 보기 중 미지수가 2개인 일차방정식을 모두 고르세요.

──────| 보기 |──────

ㄱ. $3x-y=2$ ㄴ. $2x+3y-1$ ㄷ. $\frac{1}{5}x+\frac{1}{3}y=1$

ㄹ. $3x+y=3(x-y+1)$ ㅁ. $xy+3x+y=5$ ㅂ. $x+1=-4y$

[풀이와 답 : 중학수학 3-10]

2. 연립방정식의 풀이

연립방정식의 풀이에 앞서 연립방정식이란 말뜻을 알아야 합니다. 미지수가 2개인 연립일차방정식이라는 것은 미지수가 2개인 일차방정식 2개를 한 쌍으로 묶어놓은 것을 말합니다. 결국 식이 두 개 있다는 뜻이지요. 그러니까 '{' 기호로 두 개의 방정식이 위아래로 나란히 쓰여 있는 상태입니다.

예를 들면
$$\begin{cases} 2x+y=12 \\ x-3y=-1 \end{cases}$$

이제 용어정리를 좀 해보겠습니다.

연립방정식의 해에서 '해'라는 말은 쉽게 두 일차방정식을 동시에 만족하는 x, y의 값 또는 그 순서쌍 (x, y)을 말합니다. 연립방정식을 푼다는 말은 연립방정식의 해를 구한다는 뜻이기도 합니다. 다음 그림에서 연립방정식의 해는 어디에 있을까요? 그림을 한번 보도록 합니다.

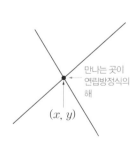

만나는 곳이
연립방정식의
해

(x, y)

오늘의 하이라이트! 연립방정식의 풀이입니다. 앞의 설명으로만 문제를 풀 수 있는 것이 아닙니다. 지금부터의 방법을 알아야 연립방정식의 해를 구할 수 있습니다. 연립방정식의 첫 번째 기술은 상당히 과격한 기술입니다. 그 이름하여 '가감법'입니다. 가감법의 특징은 미지수 앞에 붙어 있는 녀석들, 즉 계수를 자르거나 똑같이 만들어서 없애버립니다. 말로써 설명은 여기까지 직접 신기술을 알아보겠습니다. 다음은 연립일차방정식입니다.

$$
\begin{cases}
4x+y=6 & \text{---------} \ ① \\
2x+y=4 & \text{---------} \ ②
\end{cases}
$$

미지수가 2개인 연립일차방정식을 풀 때, 두 방정식을 변끼리 더하거나 빼서 미지수가 1개인 일차방정식의 상태로 만들면 쉽게 해를 구할 수 있습니다.

위의 식을 뚫어져라 보면 위의 $+y$와 아래의 $+y$가 보이지요. 같은 부호끼리는 빼야 됩니다. 왜냐고 물어보면, 그래야 문자 하나가 없어지면서 계산이 간단해지거든요. 더하거나 빼는 이유는 계산을 간단히 하기 위해서입니다. 문자가 하나 없어지면 계산은 정말 편해집니다.

①식에서 ②식을 변끼리 빼면 $2x=2$, 양변을 2로 나누어주면 $x=1$입니다. x만 찾는다고 끝이 아니고 y도 찾아야 합니다. 두 식 중 아무 식의 x 자리에 1을 대입해도 됩니다. 두 식의 교점이라서 그렇습니다. 그래서 나온 y의 값이 바로 답이 되는데 ①식에 대입해 보겠습니다.

$4+y=6$, $y=2$

따라서 답은 (1, 2)입니다. 사실 연립방정식의 해를 구하는 것은 약간의 감각이 필요합니다. 그래서 연습이 중요합니다.

1. 다음 연립방정식을 풀어보세요.

$$\begin{cases} x-4y=-9 \\ -x+2y=3 \end{cases}$$

[풀이와 답 : 중학수학 3-11]

2. 다음 연립방정식을 풀어보세요.

$$\begin{cases} 2x+y=12 \\ x-3y=-1 \end{cases}$$

[풀이와 답 : 중학수학 3-12]

수학은 반복 학습인 거 알고 있지요? 연립방정식을 해결하는 길은 가감법만 있는 것이 아닙니다. '대입법'이라는 것도 있습니다. 부담 갖지 마세요. 대입법 배우기는 재미있습니다. 가감법만 알면 다 풀 수는 있지만 그래도 수학을 좀 한다면 이 방법도 알아두어야 합니다. 미지수가 2개인 연립일차방정식을 풀 때, 한 방정식을 다른 방정식에 꿀꺽 대입시켜 미지수가 1개인 일차방정식으로 만들면 쉽게 해를 구할 수 있습니다.

예를 들어보겠습니다. 다음은 연립일차방정식입니다.

$$\begin{cases} y=2x-1 & \text{---------- ①} \\ 3x+y=9 & \text{---------- ②} \end{cases}$$

①식을 잘 쳐다보면 y에 대한 식이 잘 정리되어 있습니다. 이것을 이용하는 것이 대입법입니다. 대입법을 이용하는 문제는 한 식을 깔끔하게 정리해서 출제됩니다.

①식을 ②식에 대입하고 $3x+(2x-1)=9$를 정리하면 $5x=10$, $x=2$이고, $x=2$를 ①에 대입하면 $y=2\times2-1=3$입니다. 이 장면을 식으로 나타내면 다음과 같습니다.

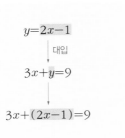

y가 x에 관한 식을 꿀꺽하고 삼키는 모습으로, 이것이 대입법의 특징입니다. 위의 연립일차방정식의 해는 $x=2$, $y=3$입니다. 순서쌍으로 나타내면 $(2,3)$입니다.

조금 더 자세히 정리해서 설명을 마무리하겠습니다. 두 미지수 중 어느 것을 없앨지 결정합니다. 그리고 $x=\sim$ 또는 $y=\sim$ 의 꼴이 되도록 모양을 정리해줍니다. 미리 정리되어 있으면 좋지만 안 그런 경우에는 우리가 직접 정리할 수밖에 없습니다.

그다음 악어에게 먹이를 주듯이 대입시킵니다. 악어는 입이 크므로 한입에 꿀꺽할 수 있습니다.

1. 연립방정식 $\begin{cases} 2x-y=-6 \\ x=-3y+4 \end{cases}$ 의 해를 구해주세요.

[풀이와 답 : 중학수학 3–13]

1. 연립방정식 $\begin{cases} y=3x-5 \\ y=-3x+13 \end{cases}$ 의 해가 $x=$a, $y=$b일 때, ab의 값을 구해주세요.

[풀이와 답 : 중학수학 3–14]

3

부등식
부등부등 부등식을 구해보자

1. 부등식과 그 해

'3은 4보다 작다'를 부등호로 나타내면 3<4입니다. 이와 같이 부등호를 사용하여 수 또는 식의 대소 관계를 나타낸 식을 '부등식'이라고 합니다. 중학생이 되면 부등식에 x라는 미지수가 이사 와서 살게 됩니다. 그런 모습의 부등식을 예를 들어보겠습니다.

$3x-2 \geq 5$, $3x-3 \leq 2x+1$

약간 무서운 덩치의 녀석이지요. 녀석의 신체 구조를 파악해보겠습니다.

이 녀석도 방정식처럼 좌변과 우변이 있습니다. 가운데 연결시키는 기호가 단지 등호가 아니

라 부등호일 뿐입니다. 녀석의 신체를 알아보니 무서움이 약간은 덜해졌지만 그래도 아직 무섭기는 합니다. 부등식에 대해 알게 되었으니 부등식을 이용하여 해를 찾는 방법을 알아보도록 합니다.

부등식 $x+2<5$에서 x에 $1, 2, 3, 4\cdots$를 대입하여 좌변과 우변을 비교해봅니다. 그 결과를 보면서 참말을 하는지 거짓말을 하는지 알아보겠습니다.

$x=1$일 때 $1+2<5$이므로 참

$x=2$일 때 $2+2<5$이므로 참

$x=3$일 때 $3+2=5$이므로 거짓

$x=1$일 때 $4+2>5$이므로 거짓

$\vdots$

이렇게 하나하나 성실하게 계산을 해보면 부등식 $x+2<5$는 $x=1$, $x=2$일 때 참말을 하고 있다는 것을 알 수 있습니다. 이렇게 x의 값을 찾아내는 것을 부등식의 해를 풀었다고 합니다. 수학을 이해하는 가장 원시적인 도구는 직접 수를 대입해보는 것입니다.

1. 0, 1, 2, 3 중에서 부등식 $3x-2\geq4$의 해를 찾아보세요.

[풀이와 답 : 중학수학 3-15]

2. 1, 2, 3, 4 중에서 부등식 $2x-1 \geq x+1$의 해를 모두 구하세요.

[풀이와 답 : 중학수학 3-16]

2. 부등식의 성질

부등식을 잘 다루려면 우리가 알아야 할 성질들이 있습니다. 부등식 $4<6$에서 양변에 2를 더하거나 빼도 부등호의 방향은 바뀌지 않습니다. 수직선에서 그 성질을 자세히 들여다볼까요?

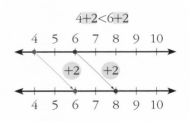

이제 양변에 2를 빼는 경우의 그림을 보겠습니다.

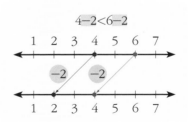

일반적으로 부등식의 양변에 같은 수를 더하거나 빼도 부등호의 방향은 바뀌지 않습니다. 당연한 듯해도 중요한 성질이니 방심하지 말고 알아두세요.

이번에는 양변에 음수가 아닌 양수로 나누거나 곱하는 경우의 그림을 보겠습니다.

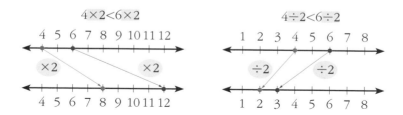

폭이 좀 늘거나 줄 수는 있어도 부등호의 방향은 바뀌지 않습니다. 지금까지는 부등호 방향이 바뀌지 않는 경우만 봤습니다. 그럼 이제부터 뭔가 다른 상황이 펼쳐질 것 같지요. 그렇습니다. 부등호가 바뀌는 경우를 살펴볼 것입니다. 집중하세요. 여기가 키포인트입니다.

부등식 $4<6$의 양변에 음수 -2를 곱하거나 나누면 다음과 같습니다.

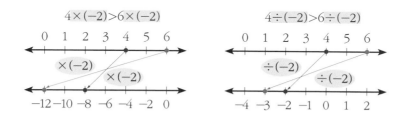

부등식의 양변에 같은 음수를 곱하거나 나누니 부등호의 방향이 바뀌었습니다. 다음 식을 보면서 이해해보겠습니다.

$$4 < 6$$
$$\times(-2) \Big\downarrow \quad \Big\downarrow \times(-2)$$
$$-8 > -12$$

$$4 < 6$$
$$\div(-2) \Big\downarrow \quad \Big\downarrow \div(-2)$$
$$-2 > -3$$

 문제

1. $a>b$일 때, 다음 중 옳지 않은 것은?

❶ $a+1>b+1$

❷ $3-a<3-b$

❸ $-\dfrac{2}{3}a>-\dfrac{2}{3}b$

❹ $-2a+3<-2b+3$

❺ $\dfrac{a}{2}+4>\dfrac{b}{2}+4$

[풀이와 답 : 중학수학 3–17]

2. 다음 중 옳지 않은 것은 무엇입니까?

❶ $5a<5b$이면 $a<b$이다.

❷ $-\dfrac{7}{2}a<-\dfrac{7}{2}b$이면 $a<b$이다.

❸ $1-3a<1-3b$ 이면 $a<b$이다.

❹ $2a+1>2b+1$이면 $a>b$이다.

❺ $-3a+1>-3b+1$이면 $a<b$이다.

[풀이와 답 : 중학수학 3–18]

3. 일차부등식의 풀이

일차부등식은 부등식의 기본 성질을 이용하여 풀 수 있습니다. 부등식의 기본 성질을 이용하여 실제로 푸는 장면을 보여주겠습니다. 일차부등식 $x+2>3$에서 양변에 2를 빼도 부등호 방향은 바뀌지 않습니다.

$x+2-2>3-2$를 계산하면 $x>1$, 일차부등식 $x+2>3$의 해는 $x>1$이고 이것을 수직선 위에 나타내면 다음과 같습니다.

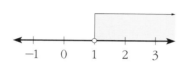

일차부등식을 풀 때에는 부등식의 기본 성질을 이용하여 주어진 부등식을 네 개의 꼴로 만들어서 해를 구합니다. 우변에 x만 있는 꼴이 부등식의 해를 푼 상태입니다.

$x>(수), x<(수), x\geq(수), x\leq (수)$

1. 일차부등식 $2x+7<-4x-5$를 풀고, 그 해를 수직선 위에 나타내세요.

[풀이와 답 : 중학수학 3-19]

2. 다음 부등식을 풀어보세요.

$x-2(x-1)>2x-1$

[풀이와 답 : 중학수학 3-20]

4. 연립일차부등식

연립이라는 말은 여럿, 즉 쌍이라고 생각하면 됩니다. 두 개의 일차부등식이 다음과 같이 쌍으로 있습니다.

$x+3 \leq 5$ ---------- ①

$2x+3 > 1$ ---------- ②

이 두 일차부등식을 만족시키는 x의 범위를 구하는 것이 바로 연립일차부등식의 해를 구하는 것입니다. 일단 부등식 ①을 풀면 $x \leq 2$이고, 부등식 ②를 풀면 $x > -1$입니다.

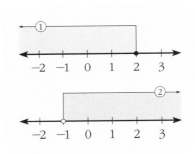

x가 작으면 그림이 왼쪽으로 그려지고 x가 크면 그림이 오른쪽으로 뻗어갑니다. 이때 부등식 ①, ②의 해를 수직선 위에 동시에 나타내면 다음과 같습니다.

그림이 겹쳐지는 부분이 연립일차부등식의 해가 됩니다. 따라서 해는 $-1 < x \leq 2$가 됩니다.

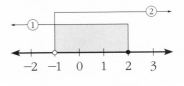

1. 다음 연립부등식을 풀어보세요.

$$\begin{cases} 2x+1 > -1 & \text{------- ①} \\ -3x+1 \geq -2 & \text{------- ②} \end{cases}$$

[풀이와 답 : 중학수학 3-21]

2. 다음 연립부등식을 풀어보세요.

$$\begin{cases} 3x+15 > -2x & \text{------- ①} \\ -2x+3 \leq -x+5 & \text{------- ②} \end{cases}$$

[풀이와 답 : 중학수학 3-22]

4일

중학수학(2)

살짝 무섭지?
너무 걱정하지 말고
잘 따라가보자!

승태쌤의 한마디!!

3일 학습에서 잘 견뎌냈다면 4일도 할 수 있습니다. 이번에는
무섭다는 말보다는 '할 수 있다! 나는 할 수 있다!'라는 말을
반복하면서 따라하면 됩니다. 일차함수, 확률, 도형의 성질과
닮음까지 걱정하지 말고 따라온다면 문제없습니다.

1

어려워 말자! 일차함수는
작대기 그리기일 뿐!

1. 일차함수의 뜻

일차함수의 뜻부터 알고 시작하겠습니다. 함수 $y=f(x)$에서 y를 x에 대한 일차식, 즉 $y=ax+b$(a, b는 일반적인 수, 다만 a는 0이 되면 안 됩니다.)로 나타낼 때, 이 함수를 x에 대한 일차함수라고 합니다.

예) $y=2x$, $y=0.5x+1$

일차함수가 아닌 것들이 우글우글합니다. $y=\dfrac{3}{x}$, $y=0$, $y=x^2$은 모두 일차함수가 아닙니다.

1. 다음 중 y가 x에 대한 일차함수인 것은 ?

❶ $y=-4$　　　　❷ $y=-5x+3$　　　　❸ $2x+5=0$

❹ $y=x^2-6x$　　　　❺ $y=\dfrac{3}{x}$

[풀이와 답 : 중학수학 4-1]

2. 다음 보기 중에서 일차함수인 것을 모두 골라주세요.

──────────────| 보기 |──────────────

ㄱ. $y=-x$　　　　ㄴ. $y=x+4$　　　　ㄷ. $y=-\dfrac{1}{x}-2$

ㄹ. $y=x^2-3x-2$　　　ㅁ. $y=4$　　　ㅂ. $\dfrac{x}{2}+\dfrac{y}{3}=1$

[풀이와 답 : 중학수학 4-2]

2. 일차함수의 그래프

일차함수의 그래프는 어떻게 그릴까요? 그래프는 한마디로 좌표평면 위에 그려지는 그림이라고 보면 됩니다. 직선으로 그려지는 그림으로, 점들이 모여 선이 되지요. 그래요, 점들이 모여 일차함수가 됩니다. 이제 그 과정에 대해 꼼꼼히 알아보겠습니다. 일차함수 $y=2x+1$에서 x의 값 사이의 간격을 점점 작게 하여 순서쌍 (x, y)를 좌표로 하는 점을 좌표평면 위에 나타내보겠습니다.

다음 그림과 같이 점들이 차례로 모여 점점 직선에 가까워짐을 알 수 있지요. x의 범위가 수 전체일 때 일차함수 $y=2x+1$의 그래프는 직선이 됩니다.

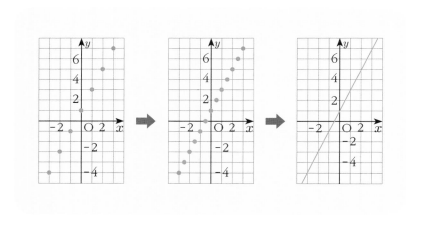

위의 점들은 일차함수 식에 대입해서 나온 값을 표시한 것입니다. 촘촘하게 대입하면 점점 선으로 만들어집니다.

(1) 일차함수의 평행이동

이제 일차함수의 평행이동에 대해 알아보겠습니다. 승태쌤이 들고 있는 이 작대기, 직선을 아래로 떨어뜨리면 그게 바로 평행이동이 됩니다. 물론 흔들림 없이 똑바로 떨어져야 합니다. 일차함수 $y=2x$에서 $y=2x+3$으로 만들었다면 이 그래프는 $y=2x$보다 항상 3만큼 더 위에 있다는 것을 알 수 있습니다. 그림으로 나타내보면 그 모습이 더욱 확실히 드러납니다.

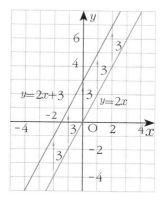

$y=2x$의 그림에서 위로 3만큼 똑같이 이동했습니다. 이게 바로 평행이동이라는 것입니다. 일차함수의 평행이동은 뒤에 붙어 있는 수만큼 평행이동하게 되어 있습니다. 규칙을 알아야 작동법을 알 수 있습니다.

1. 다음 일차함수의 그래프는 일차함수 $y=\dfrac{1}{2}x$의 그래프를 y축의 방향으로 얼마만큼 평행이동한 것인지 말해보세요.

   ❶ $y=\dfrac{1}{2}x+2$ ❷ $y=\dfrac{1}{2}x-3$

   [풀이와 답 : 중학수학 4-3]

2. 일차함수 $y=\dfrac{1}{3}x-2$의 그래프를 그려보세요.

[풀이와 답 : 중학수학 4-4]

(2) 두 점을 이용하여 일차함수의 그래프 그리기

두 점을 이용하여 일차함수의 그래 프는 어떻게 그릴까요? 일차함수의 그 림은 한마디로 직선입니다. 서로 다른 두 점을 지나는 직선은 오직 하나뿐입 니다. 따라서 일차함수의 그림을 그릴

때, 그 그래프가 지나는 서로 다른 두 점을 알면 일차함수의 그래프를 쉽게 그릴 수 있습니다.

일차함수 $y=2x-1$에서 $x=1$일 때 y의 값은 1이 나옵니다. $x=2$일 때 $y=3$이므로 이 일차함수의 그래프 는 두 점 $(1, 1)$, $(2, 3)$을 지나게 되어 있습니다. 점을 대입해서 얻은 값은 반 드시 지나게 되어 있습니다. 확실하게 기억해두세요. 따라서 일차함수 $y=2x$ -1의 그래프는 다음의 그림과 같이 두 점 $(1, 1)$, $(2, 3)$을 지나는 직선입니다.

그런데 말입니다. 아무 두 점을 찾

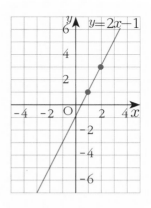

는 것보다 어차피 찾을 바에는 0이 들어가는 것이 계산할 때 유리합니다. 그래서 수학자들이 절편이라는 것을 만들었습니다. x절편과 y절편을 이용하면 편합니다. 그러면 x절편은 무엇이고 y절편은 무엇일까요? x절편은 일차함수의 그래프가 x축과 만나는 점

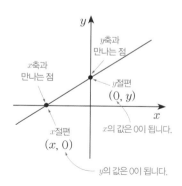

의 x좌표를 말합니다. x축과 만나니 y의 값은 언제나 0이 됩니다.

그다음은 y절편입니다. y축과 만나는 점의 y좌표를 말합니다. y절편은 x절편과 반대입니다. x의 좌표 값이 언제나 0이 됩니다. 일차함수 $y=-2x+2$의 그래프에서 x절편과 y절편을 각각 찾아보면 x절편은 y자리에 0을 대입하여 구하면 됩니다. $0=-2x+2$, $2x=2$, $x=1$이므로 x절편은 1이 됩니다. 이제 y절편을 구해보겠습니다. y절편은 x자리에 0을 대입합니다. $y=-2\times0+2$, $y=2$이므로 y절편은 2가 됩니다.

x절편과 y절편들은 각각의 점이므로 대입하여 연결하면 우리가 그리고자 하는 $y=-2x+2$의 그래프가 그려집니다. 앞으로는 절편들을 이용하여 일차함수의 그래프를 그려나갈 것입니다. 이 방법이 가장 많이 쓰이는 일차함수를 그리는 방법입니다.

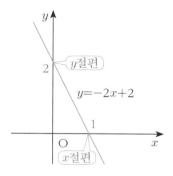

1. 다음 일차함수의 그래프 중 x절편과 y절편이 서로 같은 것은?

   ❶ $y=-\dfrac{1}{2}x-\dfrac{1}{2}$ ❷ $y=-x-2$ ❸ $y=x+2$

   ❹ $y=2x-2$ ❺ $y=2x+4$

[풀이와 답 : 중학수학 4-5]

2. 다음 그림은 일차함수 $y=-\dfrac{2}{3}x-4$의 그래프입니다. 두 점 A, B의 좌표를 각각 구해주세요.

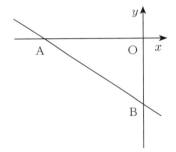

[풀이와 답 : 중학수학 4-6]

(3) 일차함수 그래프의 기울기

일차함수 그래프의 기울기란 무엇일까요? 일차함수는 한마디로 직선이라고 했습니다. 그런 직선이 경사지면 우리는 그것을 수학적으로 '기울기'라고 말할 수 있습니다. 그 기울기를 수학에서는 하나의 수로 나타낼 수 있습니다. 그래서 수학적 표현이 강력한 것입니다.

일차함수 $y=2x+1$에서 x의 값에 대한 y의 값을 구하여 표로 나타내면 다음과 같습니다.

x	⋯	−3	−2	−1	0	1	2	3	⋯
y	⋯	−5	−3	−1	1	3	5	7	⋯

위의 표를 잘 보면 x의 값이 1씩 증가할 때 y의 값은 2씩 증가합니다. 또 x의 값이 -1에서 2까지 3만큼 증가하면 y의 값은 -1에서 5까지 6만큼 증가하지요. 이때 x값의 증가량에 대한 y값의 증가량의 비율은 다음과 같습니다.

$$\frac{(y\text{값의 증가량})}{(x\text{값의 증가량})} = \frac{5-(-1)}{2-(-1)} = \frac{6}{3} = 2$$

이 비율은 $y=2x+1$에서 언제나 x의 계수 2와 같습니다. 계수란 문자 앞에 곱해져 있는 수를 말합니다.

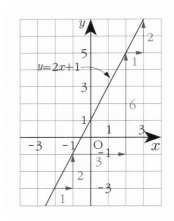

이처럼 x의 변화된 양에 대한 y의 변화된 양을 '기울기'라고 부르며 기울기는 x 앞에 씁니다. 기울기는 직선이 기울어져 있는 정도를 수로 나타낸 것입니다. 보통 일차함수 $y=ax+b$에서 x값의 증가량에 대한 y값의 증가량의 비율은 항상 일정하며, 그 비율은 x의 계수 a와 같습니다.

이 비율 a를 일차함수 $y=ax+b$의 그래프의 기울기라고 부릅니다.

일차함수 그래프의 기울기

일차함수 $y=ax+b$의 그래프의 기울기는 a입니다.

$$\text{기울기} = \frac{(y\text{값의 증가량})}{(x\text{값의 증가량})} = a$$

예) 일차함수 $y = \frac{2}{3}x + 2$ 의 그래프의 기울기는 x 앞의 $\frac{2}{3}$ 이고, 일차

함수 $y=-x+3$의 그래프의 기울기는 x 앞에 생략된 1을 찾아내서 -1이 됩니다. 기울기를 나타내는 수를 쓰는 위치가 정해져 있습니다. 바르게 사용하도록 합니다.

1. 일차함수 $y=\dfrac{1}{4}x+3$의 그래프에서 x값이 4만큼 증가할 때, y값의 증가량은 얼마입니까?

[풀이와 답 : 중학수학 4–7]

2. 일차함수 $y=-2x+3$의 그래프에서 x값이 3만큼 증가할 때, y값의 증가량은 얼마입니까?

[풀이와 답 : 중학수학 4–8]

2

확률도 어려워 마! 분수처럼 다룰 거니까

1. 사건과 경우의 수

확률을 배우기 전에 알아야 할 것들이 있습니다. 확률은 분모와 분자로 나타냅니다. 분모에 들어가는 수는 모든 경우의 수이고, 분자에 들어가는 수는 우리가 알고자 하는 경우의 수를 나타냅니다. 여기서 궁금해지는 것이 있습니다. 그것은 바로 경우의 수가 무엇이냐는 것입니다. 경우의 수를 배우기 전에 먼저 사건이라는 말에 대해 알아보도록 하겠습니다.

사건: 같은 조건 아래에서(평등한 상황에서) 반복하여 시행할 수 있는 실험이나 관찰을 통해 얻어지는 결과.

우와, 말이 너무 어렵습니다. 쉽게 말해서 동전을 던질 때 앞면이 나온다, 뒷면이 나온다는 것이 바로 사건입니다. 주사위를 던지는 행위 역시 사건이라고 말할 수 있습니다. 이러한 사건들이 일어날 수 있는 모든 가짓수를 '경우의 수'라고 말합니다. 동전은 앞면, 뒷면 두 가지의 가짓수를 가집니다. 주사위는 모두 몇 개의 경우의 수가 있나요? 1, 2, 3, 4, 5, 6으로 여섯 가지의 경우의 수가 생겨납니다. 두 사건 A, B가 동시에 일어나지 않을 때, 사건 A가 일어나는 경우의 수 m, 사건 B가 일어나는 경우의 수가 n이면 사건 A 또는 사건 B가 일어나는 경우의 수는 $m+n$이 됩니다.

두 사건이 동시에 일어나지 않는다는 말은 결국 동시에 선택할 수 없다는 뜻이기도 합니다. 공 하나를 선택한다면 파란 공을 선택했을 때 빨간 공을 선택할 수 없습니다. 바로 이런 경우를 두고 '합의 법칙'이라고 말합니다. 아직까지 확률이 나오지 않았습니다. 경우의 수를 조금 더 배우고 확률에 대해 말하도록 하겠습니다.

1. 빨간 공 4개, 흰 공 5개, 파란 공 1개가 들어 있는 주머니에서 한 개의 공을 꺼낼 때, 빨간 공이 나오거나 파란 공이 나오는 경우의 수를 구해 보세요.

[풀이와 답 : 중학수학 4-9]

2. 1에서 30까지의 자연수가 각각 적힌 30장의 카드에서 한 장을 뽑을 때, 그 카드에 적힌 수가 6의 배수 또는 7의 배수인 경우의 수를 구해 보세요.

[풀이와 답 : 중학수학 4-10]

경우의 수를 계산할 때 합의 법칙이 있고 또 하나는 곱의 법칙이 있습니다. 이제 곱의 법칙에 대해 알아보겠습니다. 아직 본격적인 확률은 등장하지 않았습니다. 사건 A가 일어나는 경우의 수 m, 그 각각에 대하여 사건 B가 일어나는 경우의 수가 n이면 사건 A와 사건 B가 동시에 일어나는 경우의 수는 $m \times n$이 됩니다.

이해가 빨리 오지 않지요. 예를 들어보겠습니다.

모두 종류가 다른 연필 2자루, 볼펜 3자루 중에서 연필과 볼펜을 각각 한 자루씩 고를 경우의 수는 $2 \times 3 = 6$입니다. 연필과 볼펜을 모두 골라야 하므로 곱의 법칙입니다. 설명을 더하면 연필 하나와 짝을 지을 수 있는 볼펜은 각각 3자루씩 있습니다. 그래서 $2 \times 3 = 6$이라고 생각하는 것이 이해가 더 빠를 것입니다.

1. A 주머니에는 15의 약수가 적힌 공이 들어 있고, B 주머니에는 18의 약수가 적힌 공이 들어 있습니다. A, B 두 주머니에서 각각 공을 한 개씩 꺼낼 때, 두 공에 적힌 수가 모두 3의 배수인 경우의 수를 구하세요.

[풀이와 답 : 중학수학 4-11]

2. A 주머니에는 12의 약수가 적힌 공이 들어 있고, B 주머니에는 20의 약수가 적힌 공이 들어 있습니다. A, B 두 주머니에서 각각 공을 한 개씩 꺼낼 때, 두 공에 적힌 수가 모두 짝수인 경우의 수를 구하세요.

[풀이와 답 : 중학수학 4-12]

2. 확률의 뜻

이제 경우의 수를 다 배운 상태에서 진짜 확률에 대해 공부하도록 하겠습니다. 어떤 사건이 일어날 수 있는 모든 경우의 수가 n가지이고 이들 각각의 경우가 일어날 가능성이 같다고 할 때, 사건 A가 일어날 경우의 수가 a이면 사건 A가 일어날 확률 p는 다음과 같습니다.

$$p = \frac{(\text{사건 A가 일어날 경우의 수})}{(\text{일어날 수 있는 모든 경우의 수})} = \frac{a}{n}$$

문제

1. 1, 2, 3, 4, 5의 숫자가 각각 적힌 5장의 카드 중에서 한 장을 뽑을 때, 짝수가 적힌 카드가 뽑힐 확률을 구하세요.

[풀이와 답 : 중학수학 4-13]

2. 한 개의 주사위를 2번 던질 때, 나온 눈의 합이 3이 될 확률을 구하세요.

[풀이와 답 : 중학수학 4-14]

3. 확률의 성질

확률에도 성질이 있다는 데 얼마나 고약한 성질인지 알아보도록 할까요? 세 개의 주머니가 있습니다. A 주머니에 들어 있는 6개의 공 중에서 파란 공이 4개라면 A 주머니에서 한 개의 공을 꺼낼 때, 파란 공이 나올 확률은 다음과 같습니다.

$\frac{4}{6} = \frac{2}{3}$ (확률도 분수니까 약분해주세요.)

한편 B 주머니에는 빨간 공만 6개 들어 있다면 파란 공은 들어 있지 않으므로 B 주머니에서 한 개의 공을 꺼낼 때, 파란 공이 나올 확률은 다음과 같습니다.

$\frac{0}{6} = 0$

또 C 주머니에는 파란 공만 6개 들어 있다면 C 주머니에서 한 개의 공을 꺼낼 때, 파란 공이 나올 확률은 다음과 같습니다.

$\frac{6}{6} = 1$

B 주머니에서 파란 공이 나올 확률은 절대로 일어날 수 없는 사건의 확률이고, C 주머니에서는 반드시 일어나는 사건의 확률이 됩니다. 모두 파란 공이니까요. 따라서 어떤 사건이 일어날 확률은 0 이상 1 이하임을 알 수 있습니다. 일어나지 않을 확률은 0이고 최대한 많이 일어나봐야 1을 넘지 못합니다.

정리 : 확률의 성질

1. 어떤 사건이 일어날 확률을 p라고 하면 $0 \leq p \leq 1$ 입니다.
2. 절대로 일어날 수 없는 사건의 확률은 0입니다.
3. 반드시 일어나는 사건의 확률은 1입니다.

또 다른 확률의 성질을 알아보도록 하겠습니다. 한 개의 주사위를 '휙' 하고 던질 때, 나온 눈이 3의 배수가 아닐 확률을 구해보겠습니다. 3의 배수의 눈이 나오는 경우는 3, 6의 2가지이므로 3의 배수일 확률은 다음과 같습니다.

$\dfrac{2}{6} = \dfrac{1}{3}$

3의 배수의 눈이 나오지 않는 경우는 (6−2)가지이므로 나온 눈이 3의 배수가 아닐 확률은 다음과 같습니다.

(3의 배수가 아닐 확률) $= \dfrac{6-2}{6} = 1 - \dfrac{2}{6} = 1 - \dfrac{1}{3} = 1 -$ (3의 배수일 확률)

그래서 3의 배수가 아닐 확률은 1−(3의 배수일 확률)로 생각할 수 있습니다.

2. OX 퀴즈 4문제의 답을 임의로 썼을 때, 4문제를 모두 틀릴 확률은 무엇인가요?

[풀이와 답 : 중학수학 4-20]

3

도형의 성질
삼각형의 성질을 이용하면 끝!

1. 이등변삼각형

이등변삼각형은 두 변의 길이가 서로 같은 삼각형입니다. 이때 길이가 같은 두 변이 위로 똑바로 올라가면 두 변이 이루는 각이 생기는데 이를 '꼭지각', 꼭지각의 대변을 '밑변', 밑변의 양 끝 각을 '밑각'이라고 부릅니다. 그렇게 그려보면 두 밑각의 크기가 같아집니다. 머릿속에 그림으로 그려집니까? 다음 그림으로 확인해보세요.

위의 내용은 초등학교 때 배우는

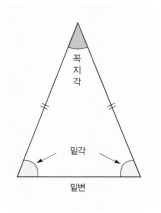

내용입니다. 하지만 중학생이 되면서 우리는 이런 말로 된 설명을 기호로 나타내는 연습을 해야 합니다. 정말 무섭고 끔찍한 일이 아닐 수 없습니다. 하지만 모두들 잘 해내고 있습니다. 여러분의 선배들 모두 말입니다.

역경의 첫날

이등변삼각형의 두 밑각의 크기는 서로 같고, 꼭지각의 이등분선은 밑변을 수직이등분한다는 이등변삼각형의 성질은 아주 중요합니다. 고등학교 수능에서도 자주 나오는 문제입니다. 그래서 우리는 이것을 기호로 나타내는 연습을 꼭 해야 합니다. 중학교 2학년 때부터는 기호로 나타내기 시작하니까요.

이등변삼각형의 두 밑각의 크기는 서로 같고, 꼭지각의 이등분선은 밑변을 수직이등분한다를 삼각형의 합동조건을 통해서 증명해보겠습니다.

$\triangle ABC$에서 $\overline{AB} = \overline{AC}$ 이면 $\angle B = \angle C$임을 삼각형의 합동조건을 이용하여 나타내보겠습니다.

삼각형 합동조건에는 세 가지가 있습니다. 세 변이 모두 같을 때 쓰이는 SSS합동, 두 변과 끼인각을 나타내는 SAS합동, 한 변과 양 끝 각일 때 합동이 되는 ASA가 있습니다. 이번 증명에서도 이 세 가지 합동조건 중에 하나를 사용할 것입니다. $\overline{AB} = \overline{AC}$ 인 $\triangle ABC$에서 $\angle A$의 이등분선과 밑변 BC의 교점을 D라고 합니다.

$\triangle ABD$와 $\triangle ACD$에서

$\overline{AB} = \overline{AC}$ (주어진 사실) ---------- ①

∠BAD=∠CAD ---------- ②

$\overline{AD}$는 공통 ---------- ③

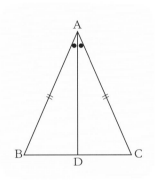

①, ②, ③을 종합적으로 생각하고 판단해보면 대응하는 두 변의 길이가 각각 같고, 그 끼인각의 크기가 같다는 것을 알게 됩니다.

그렇다면 여기서 쓰인 삼각형의 합동조건은 SAS입니다. 두 변과 끼인각을 사용한 것입니다. 그래서 △ABD≡△ ACD이고, ∠B=∠C가 됩니다. 이것을 종합해보면 우리는 다음과 같은 사실을 진하게 느끼게 될 것입니다. 이등변삼각형에서

1. 두 밑각의 크기가 서로 같습니다.

2. 꼭지각의 이등분선은 밑변을 수직이등분합니다. (잘렸던 두 삼각형이 합동이 되니까 이등분할 수 있을 정도로 길이가 같아졌다는 뜻입니다.)

1. 그림과 같이 $\overline{AB} = \overline{AC}$인 이등변삼각형 ABC에서 ∠B의 이등분선과 변 AC의 교점을 D라 하자. ∠A=36°, $\overline{BC}$=6㎝일 때, $\overline{AD}$의 길이를 구해보세요.

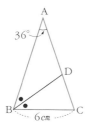

[풀이와 답 : 중학수학 4–21]

2. 그림과 같이 ∠C=90°인 직각삼각형 ABC에서 $\overline{DA}=\overline{DC}$, ∠B=30°, $\overline{AC}$=5㎝일 때, $\overline{AB}$의 길이를 구해보세요.

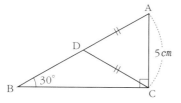

[풀이와 답 : 중학수학 4–22]

2. 직각삼각형의 합동

한 각이 90도인 삼각형을 직각삼각형이라고 부릅니다. 직각삼각형
은 한 작은 예각의 크기가 정해지면 다른 작은 예각의 크기도 정해집니

다, 이를 이용하여 두 직각삼각형에서 빗변의 길이와 한 예각의 크기가 각각 같으면 서로 합동임을 알아보도록 하겠습니다.

잠깐, 빗변이라는 말을 좀 알아볼까요? 직각삼각형에서 직각의 대변을 빗변이라고 합니다. 그림을 잘 봐주세요. 직각을

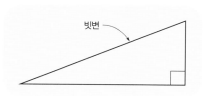

마주보고 있는 변이 있지요. 그게 대변으로 빗변이 됩니다.

이제 본격적으로 증명에 들어가겠습니다.

$\angle C = \angle F = 90°$, $\overline{AB} = \overline{DE}$, $\angle A = \angle D$인 두 직각삼각형 ABC 와 DEF에서

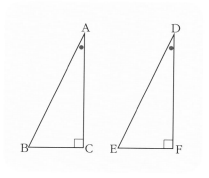

$\overline{AB} = \overline{DE}$ ---------- ①

$\angle A = \angle D$ ---------- ②

입니다. 앞에서 설명했듯이 두 예각의 합이 90도가 되는 성질을 이용하여 직각을 뺀 내각의 크기의 합은 90° 이므로

$\angle B = 90° - \angle A = 90° - \angle D = \angle E$ ---------- ③

입니다. ①, ②, ③에서 대응하는 한 변의 길이가 같고, 그 양 끝 각의 크기가 각각 같으므로

$\triangle ABC \equiv \triangle DEF$

입니다. ≡ 기호는 합동이라는 뜻입니다. 합동은 모양과 크기가 같을 때 쓰는 말이지요.

이제는 또 다른 방법인 두 직각삼각형에서 빗변의 길이와 다른 한

변의 길이가 각각 같으면 서로 합동임을 알아보도록 하겠습니다.

직각삼각형의 합동여행, 두 번째 이야기

$\angle C = \angle F = 90°$, $\overline{AB} = \overline{DE}$, $\overline{AC} = \overline{DF}$인 두 직각삼각형 ABC와 DEF에서 다음 그림을 잘 보면 이등변삼각형의 성질을 이용하여 증명하는 장면이 나옵니다. 그래서 두 직각삼각형의 빗변의 길이와 한 예각의 크기가 각각 같아집니다.

$\triangle ABC \equiv \triangle DEF$

이로써 두 삼각형이 합동이 된다는 모험이 끝나게 됩니다.

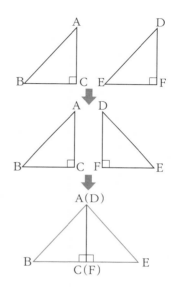

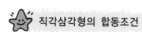 직각삼각형의 합동조건

두 직각삼각형은 다음의 경우에 서로 합동입니다.
1. 빗변의 길이와 한 예각의 크기가 각각 같을 때
2. 빗변의 길이와 다른 한 변의 길이가 각각 같을 때

1. 다음 그림과 같이 $\overline{AB}=\overline{AC}$인 직각이등변삼각형 ABC의 꼭짓점 B, C 에서 점 A를 지나는 직선 l 위에 내린 수건의 발을 각각 D, E라 합시 다. $\overline{DB}=8cm$, $\overline{DE}=12cm$일 때, $\overline{CE}$의 길이를 구하세요.

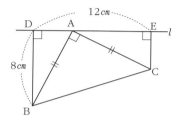

[풀이와 답 : 중학수학 4-23]

2. 그림과 같이 $\angle C=90°$인 직각이등변삼각형 ABC에서 변 AB 위에 $\overline{AC}$ $=\overline{AD}$인 점 D를 잡고 점 D를 지나면서 $\overline{AB}$에 수직인 직선이 변 BC와 만나는 점을 E라 합시다. $\overline{CE}=4cm$일 때, 다음 물음에 답하세요.

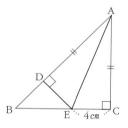

(1) △AEC와 합동인 삼각형을 찾고 합동조건을 설명해주세요.

(2) $\overline{BD}$의 길이를 구하세요.

[풀이와 답 : 중학수학 4-24]

3. 삼각형의 외심과 내심

중학생이 되면 삼각형의 대표적인 성질인 외심과 내심의 성질을 배우게 됩니다. 수학은 각 단원에 등장하는 녀석들의 성질을 잘 파악해야합니다. 그래야 녀석들을 상대하는 데 큰 도움이 됩니다. 삼각형의 외심의 성질부터 다루도록 하겠습니다.

삼각형의 외심의 성질

다음 그림부터 보면서 생각해보겠습니다. 삼각형의 세 꼭짓점이 접해 있는 외접원이 보입니다. 이 외접원의 중심을 외심이라고 합니다.

삼각형의 외심은 세 변의 수직이등분선의 교점입니다. 수직이등분선이라는 말은 앞

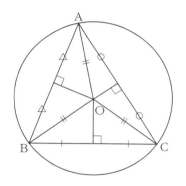

에서 배웠습니다. 한 선분을 수직으로 이등분한다는 뜻입니다. 수직은 직각, 90도입니다. 그림을 보면 이해가 좀 더 쉽습니다.

삼각형의 외심에서 세 꼭짓점에 이르는 거리는 같습니다.

시험에 매번 나오는 성질로 선분 OA와 선분 OB, 선분 OC의 길이가 같다는 뜻입니다.

$$\overline{OA}=\overline{OB}=\overline{OC}$$

자, 이제부터는 삼각형의 외심에 대한 시험 단골 비법을 알려주겠

습니다. 시험 대비에 특효입니다. 외심에서 외 자의 ㅇ을 따와서 외심은 이등변삼각형이 세 개 생깁니다. 이등변삼각형에도 ㅇ이 있지요. 연관되어 있다고 생각하세요.

그림에서 보면 삼각형 ABO, OBC, AOC 모두 이등변삼각형입니다. 외심이라서 그렇습니다. 외접원의 반지름의 길이는 모두 같다는 것을 잘 생각해보면 이해에 좀 더 도움이 됩니다.

이번에는 삼각형의 내심에 대한 이야기를 즐겨보겠습니다. 삼각형의 내심은 세 내각의 이등분선의 교점입니다. 으악, 여기서 또 어려운 말이 나왔습니다. '세 내각의 이등분선'이라는 말은 각 꼭짓점에서 각을 반반 나누어서 쭉 찢어 연결하였다는 뜻입니다.

다음 그림부터 보겠습니다. 설명만으로는 이해가 잘 되지 않습니다.

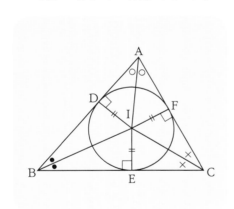

각 꼭짓점 근처를 보세요. 각을 둘로 나눈 표시들이 보이지요. 그렇게 나눈 선들이 동시에 만나서 삼각형의 내심이 생깁니다. 그림에서는 내심이 점 I로 표현되어 있습니다. 이 삼각형의 내심에서 세 변에 수직으로 이르는 거리는 같습니다. $\overline{ID}=\overline{IE}=\overline{IF}$. 이제 삼각형 안에는 원이 생겼습니다. 이 원의 이름은 내접원입니다. 안에서 접하고 있다는 뜻입니다. 여기서도 시험을 잘 준비할 수 있는 비법이 있지요. 삼각형의 내심 속에 감추어진 숨은 그림 찾기입니다. 삼각형의 내심에는 세 쌍의 합동인 직각삼각형들이 있습니다. 꼭짓점 A를 중심으로 두 개, 꼭짓점 B를 중심으로 두 개, 꼭짓점 C를 중심으로 두 개씩 있습니다.

예를 들면 삼각형 ADI와 삼각형 AFI는 합동입니다. 이런 식으로 세 쌍의 직각삼각형들이 생깁니다. 합동조건은 여기서 설명하면 더 어려워집니다. 그냥 그렇게 알아 두는 것이 편합니다.

1. 다음 그림에서 점 O가 △ABC의 외심일 때, ∠x의 크기는 얼마일까요?

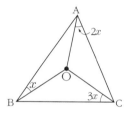

[풀이와 답 : 중학수학 4-25]

2. 다음 그림에서 점 I가 △ABC의 내심일 때, ∠A의 크기를 구해주세요.

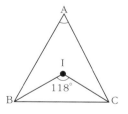

[풀이와 답 : 중학수학 4-26]

4. 평행사변형

두 쌍의 대변이 각각 평행한 사각형을 평행사변형이라고 합니다. 평행사변형은 두 쌍의 대변의 길이와 두 쌍의 대각의 크기가 각각 같습니다. 이것을 기호로 쓸 수 있으면 중학생으로 성장한 것입니다.

사각형 ABCD에서 $\overline{AB} /\!/ \overline{DC}$, $\overline{AD} /\!/ \overline{BC}$이면 $\overline{AB}=\overline{DC}$, $\overline{AD}=\overline{BC}$이고, ∠A=∠C, ∠B=∠D입니다. 이러한 평행사변형의 특징은 평행선에서 각의 성질을 이용하면 쉽게 설명할 수 있습니다. 다음 그림을 보도록 하겠습니다.

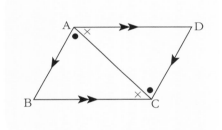

평행사변형을 가르고 있는 선분 AC를 사이에 두고 두 삼각형은 합동이 됩니다. 이 두 삼각형이 합동이 되면 위 평행사변형의 모든 성질을 자동으로 만족시킬 수 있습니다. 그렇다면 두 삼각형이 합동이 될 수 있는 이유를 알아보겠습니다. 일단 선분 AC가 공통변이고 평행선에서 엇각의 성질을 이용해보면 두 각의 크기가 같아집니다. 삼각형의 합동조건인 한 변과 양 끝 각에 의해서 두 삼각형은 합동이 됩니다.

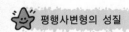

★ **평행사변형의 성질**

평행사변형에서
1. 두 쌍의 대변의 길이는 각각 같습니다.

2. 두 쌍의 대각의 크기는 각각 같습니다.

3. 두 대각선은 서로 다른 것을 이등분합니다.

1. 다음 평행사변형 ABCD에서 x, y의 값을 구하세요.

(1)   (2)

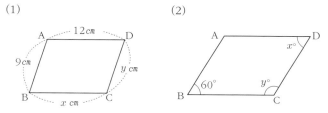

[풀이와 답 : 중학수학 4-27]

2. 다음 그림과 같이 평행사변형 ABCD에서 ∠B=70°일 때, ∠A와 ∠D
의 크기를 각각 구하세요.

[풀이와 답 : 중학수학 4-28]

4

1. 닮은 도형

어떤 도형을 일정한 비율로 확대하거나 축소하여 다른 도형과 합동이 되게 할 수 있을 때, '서로 닮은 도형이다' 또는 '닮음인 관계'가 있다고 말할 수 있습니다.

학	학	학

'학, 학, 학' 늘이고 '학, 학, 학' 줄인다고 힘이 들었습니다. 우리가 알아두어야 할 것으로는 닮은 도형의 표시법입니다. 두 도형이 합동일 때는 ≡기호를 썼습니다. 닮음의 기호는 ∽를 사용합니다. 한번 사용해

볼까요? △ABC와 △DEF가 닮았다면 △ABC∽△DEF라고 쓰면 됩니다. 이런 닮음 도형에도 우리가 알아야 할 성질이 있습니다.

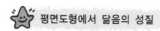 **평면도형에서 닮음의 성질**

두 닮은 평면도형에서

1. 대응하는 변의 길이의 비는 일정합니다. 한 대응변이 길이의 비가 1 : 2면 나머지 대응변의 길이의 비도 1 : 2라는 뜻입니다.

2. 대응하는 각의 크기는 각각 같습니다. 변의 길이는 대응변의 길이의 비에 따라 늘어나고 줄어들지만 대응각의 크기는 변함없이 한결같이 일정하다는 뜻입니다.

 문제

1. 다음 그림에서 △ABC∽△DEF일 때, 다음을 구하세요.

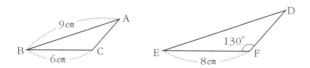

(1) △ABC와 △DEF의 닮음비

(2) $\overline{DE}$의 길이

(3) ∠C의 크기

[풀이와 답 : 중학수학 4–29]

2. 그림에서 □ABCD∽□EFGH일 때, 다음을 구하세요.

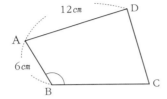

(1) 닮음비

(2) 선분 EF의 길이

(3) 각 B의 크기

[풀이와 답 : 중학수학 4-30]

2. 삼각형의 닮음

삼각형이 닮으려면 모양만 같으면 됩니다. 하지만 수학은 뭔가로 나타내길 원합니다. 두 삼각형이 닮으려면 세 가지 조건을 통과해야 수학에서는 닮았다고 인정해줍니다. 이제 그 세 가지 조건에 대해 알아보도록 하겠습니다.

삼각형의 닮음조건

1. 세 쌍의 대응하는 변의 길이의 비가 같아야 합니다. 한 변의 길이의 비가 $1:2$면 나머지도 몽땅 $1:2$가 되어야 닮았다고 할 수 있습니다.(SSS 닮음)

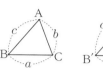

$$a:a'=b:b'=c:c'$$

2. 두 쌍의 대응하는 변의 길이의 비가 같고, 그 끼인각의 크기가 같으면 닮음이라고 할 수 있습니다.(SAS 닮음)

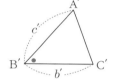

$$a:a'=c:c',\ \angle B=\angle B'$$

각 B를 잘 봐주세요. 반드시 끼어 있어야 합니다. 끼인각이 같아야 한다는 뜻입니다.

3. 두 쌍의 대응하는 각의 크기가 각각 같아야 합니다. 왜 두 쌍일까요? 삼각형에서 두 쌍만 같으면 나머지 각은 삼각형 내각의 합이 180도이므로 자동으로 같게 됩니다. 그래서 닮음은 끝까지 다 확인할 필요가 없어요. 뱀의 꼬리가 확실하면 대가리까지 안 봐도 된다는 소리입니다.(AA 닮음)

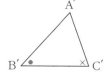

$$\angle B=\angle B',\ \angle C=\angle C'$$

1. 다음 보기의 삼각형 중 서로 닮음인 삼각형을 찾아 기호 ∽를 사용하여 나타내고, 닮음조건을 말해보세요.

| 보기 |

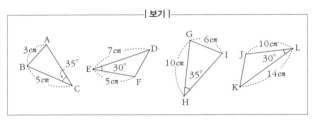

[풀이와 답 : 중학수학 4-31]

2. 다음 삼각형 중 서로 닮음인 삼각형을 찾고, 닮음조건을 말하세요.

| 보기 |

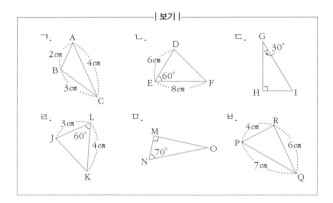

[풀이와 답 : 중학수학 4-32]

3. 직각삼각형의 닮음

삼각형 닮음의 원투 펀치로는 단연 직각삼각형의 닮음이 최고입니다. 직각삼각형은 이집트인들이 피라미드를 지을 때 사랑했던 삼각형입니다. 그만큼 역사적인 삼각형이 직각삼각형입니다. 그 직각삼각형의 닮음을 배워보겠습니다.

그림에 세 개의 직각삼각형이 보이나요. 안 보입니까? 저런, 잘 봐주세요. 직각삼각형 ABC, 그다음으로 큰 직각삼각형 ADC, 마지막으로 보이는

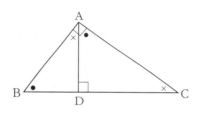

직각삼각형 ABD. 이 세 개의 직각삼각형은 모두 닮음입니다. 왜냐고요? 긴 말보다 그림으로 보여주겠습니다. 모두 AA 닮음이 됩니다.

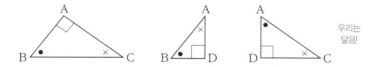

이렇게 각을 점과 엑스 표시로 둘 수 있는 이유는 일단 삼각형의 내각의 합이 180도라는 점과 90도를 빼고 남은 각들의 합이 90도가 된다는 점입니다. 따라서 $\angle A = 90°$인 직각삼각형 ABC에서 변 AD와 변 BC가 수직일 때 삼각형 ABC와 삼각형 DBA, 삼각형 DAC는 AA닮음, 즉 각 두 개가 같은 닮음입니다.

여기서 생겨나는 세 가지 공식들이 있는데 우선 그 첫 번째 녀석을 소개하겠습니다.

삼각형 ABC와 삼각형 DBA가 닮았을 때 새싹처럼 돋아나는 공식입니다.

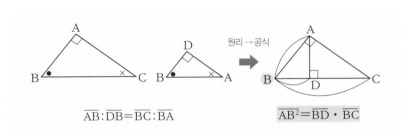

$$\overline{AB}:\overline{DB}=\overline{BC}:\overline{BA}$$

$$\overline{AB^2}=\overline{BD} \cdot \overline{BC}$$

결국 바탕 색칠된 공식을 알아 두어야 합니다. 무지하게 인기 있는 직각삼각형 닮음의 공식이랍니다. 이제 두 번째 공식을 소개해주겠습니다. 처음 공식이랑 비슷합니다. 삼각형 ABC와 삼각형 DAC가 닮음입니다.

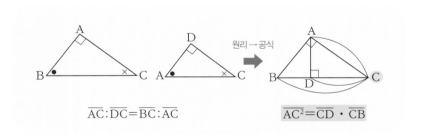

$$\overline{AC}:\overline{DC}=\overline{BC}:\overline{AC}$$

$$\overline{AC^2}=\overline{CD} \cdot \overline{CB}$$

이 공식은 오른쪽에서 제곱이 일어나서 옆으로 치고 들어가는 모습입니다. 제곱은 같은 것을 두 번 곱하는 것입니다.

이제 마지막 세 번째 등장하는 막내 공식, 얘는 똥침 찌르기 공식이라고 부른답니다.

삼각형 DBA와 삼각형 DAC가 닮아 있을 때,

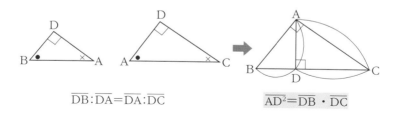

$$\overline{DB}:\overline{DA}=\overline{DA}:\overline{DC}$$

$$\overline{AD^2}=\overline{DB}\cdot\overline{DC}$$

변 BD를 나타내는 선과 변 DC를 나타내는 선이 마치 엉덩이 라인이라고 보면 변 AD는 두 번 강력하게 곱해지는 똥꼬 지르기입니다. 잘 기억하도록 하세요.

1. 그림과 같이 삼각형 ABC의 꼭짓점 B, C에서 대변에 내린 수선의 발을 각각 D, E라 할 때, 다음을 구하세요.

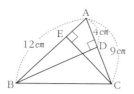

(1) △ABD와 닮음인 삼각형

(2) 선분 AE의 길이

[풀이와 답 : 중학수학 4–33]

2. 그림과 같이 각 A= 90도인 직각삼각형 ABC에서 변 AD와 변 BC가 수직일 때, x, y의 값을 구해보세요.

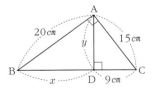

[풀이와 답 : 중학수학 4-34]

4. 삼각형의 무게중심

저것 보세요. 한 녀석 또 수학책 돌리고 있습니다. 수학 공부 하기 싫으면 저 녀석은 수학책을 돌립니다. 하지만 그것도 바로 수학이란 것을 녀석은 모를 겁니다. 책의 무게중심을 잘 잡았기 때문에 책을 돌릴 수 있는 것입니다. 오늘 배울 것이 바로 삼각형의 무게중심입니다. 삼각형의 무게중심은 삼각형의 중선 세 개가 한 점에서 오순도순 모일 때 만들어집니다. 삼각형은 세 변이 있기 때문에 중선 역시 세 개가 생깁니다.

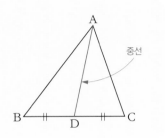

아 참, 중선에 대한 설명이 좀 부족했지요. 삼각형의 중선이란 삼각형에서 한 꼭짓점과 그 대변의 중점을 이은 선분을 중선이라고 합니다. 다음 그림을 보면 바로 알 것입니다.

한 삼각형에는 3개의 중선이 있습니다.

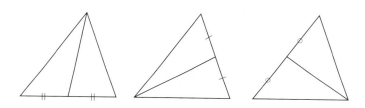

위의 그림 세 개를 겹치면 삼각형 무게중심에 대한 그림이 나옵니다. 매직아이를 해볼까요?

자 기대하시라. 삼각형의 무게중심 등장!

삼각형의 무게중심은 삼각형의 세 중선의 교점이고, 보통은 G라고 나타냅니다. 삼각형의 무게중심 G는 세 중선의 길이를 각 꼭짓점으로부터 2 : 1로 나눕니다. 어떤 삼각형이든 이 비율은 변함이 없습니다.

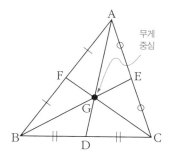

무게
중심

위의 그림에서 선분 AG와 선분 GD는 2 : 1이 됩니다. 나머지 꼭지각에서도 2 : 1이 됩니다. 왜 그렇게 되냐고요? 어렵더라도 다음 그림을 보면 이해할 수 있습니다.

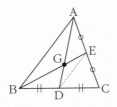

$\triangle$ABG$\backsim$$\triangle$DEG이고,
$\overline{AB}:\overline{DE}=2:1$이므로
$\overline{AG}:\overline{GD}=2:1$

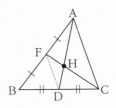

$\triangle$ACH$\backsim$$\triangle$DFH이고,
$\overline{AC}:\overline{DF}=2:1$이므로
$\overline{AH}:\overline{HD}=2:1$

사실 이것을 이해하려고 하면 삼각형 중점 연결의 정리를 살짝 이해해야 합니다. 이왕 달려왔는데 궁금하면 안 되지요. 삼각형 중점 연결의 정리도 알아보겠습니다. 삼각형의 두 변의 중점을 연결한 선분은 나머지 한 변과 평행하고, 그 길이는 나머지 한 변의 길이의 $\frac{1}{2}$입니다. 그림으로 이해하는 게 아마 4초 정도 빠를 겁니다.

선분 MN의 길이가 4라면 선분 BC의 길이는 선분 MN의 두 배인 8이 된다는 것이 삼각형 중점 연결의 정리입니다.

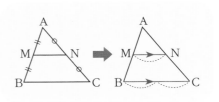

1. 다음 그림에서 점 G가 삼각형 ABC의 무게중심일 때, x, y의 값을 각각 구하세요.

(1)

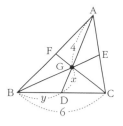

(2)

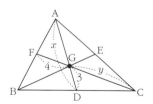

[풀이와 답 : 중학수학 4-35]

5일

중학수학(3)

고등수학과
연결되는
기초를 탄탄히!

승태쌤의 한마디!!

이제는 고등수학에 대해서도 생각해볼 때입니다.
중학수학은 조금 아는 것 같은데, 내가 고등학생이 되어도
잘할 수 있을까? 훌륭하고 어른스러운 고민입니다.
중학수학 3의 기초를 다진다면 고등수학의 발판을 만들게 됩니다.
제곱근과 무리수, 인수분해! 한번 도전해봅시다.

1

실수와 그 계산
제곱근의 조상은 정사각형!

1. 제곱근과 그 성질

일단 시작을 하려면 제곱근이
라는 말뜻부터 알아야 합니다. 어떤
수를 제곱하여 a가 되게 하는 수를
a의 제곱근이라고 합니다. 수로 예
를 들어보겠습니다.

$\bigcirc^2=9$

$3^2=9$, $(-3)^2=9$이므로
9의 제곱근은 3 과 −3

3을 두 번 곱하면, 즉 제곱하면
9가 됩니다. 따라서 3은 9의 제곱의 뿌리, 제곱근이라고 말합니다. $x^2=$
a일 때, x는 a의 제곱근입니다. 루트라고도 부릅니다. 제곱 2를 떼낸 x
를 말합니다. 수학은 x를 찾는 맛에 산다고 보면 됩니다. 양수의 제곱근은 양수와 음수 2개가 있습니다. 9의 제곱근에는 +3과 −3이 있는 것처럼 말입니다. 특별한 경우인 0의 제곱근은 0뿐입니다. 왜냐면 $0^2 = 0$ 이거든요.

제곱해서 음수가 되는 수는 없습니다. 두 번 곱해서 음수라니 말도 안 됩니다. 음수 곱하기 음수는 양수가 되기 때문이지요. 우리가 또 하나 알아두어야 할 것이 있습니다. 제곱근의 모습을 나타내는 요상한 기호가 하나 등장할 것입니다. 그 모습을 잘 봐두세요. 제곱근을 나타내기 위해 $\sqrt{}$ 라는 기호를 사용하고, 이 기호를 제곱근 또는 루트라고 읽습니다. 앞으로 제곱근과 루트를 혼용해 사용하더라도 헷갈리지 마세요. 같은 뜻입니다.

예를 들어 7의 제곱근은 $\sqrt{7}$과 $-\sqrt{7}$입니다. 루트를 언제 사용하느냐가 중요합니다.

9의 제곱근은 +3과 −3으로 바로 구해집니다. 그런데 5의 제곱근을 찾아볼까요? 두 번 곱해서 5가 되는 수를 찾아야 합니다. 똑같은 수를 두 번 곱해서 5가 나오는 수는 일반적인 수로는 없습니다. 이때 수학자들이 모여서 의논을 했습니다. 그런 수를 한번 만들어보자고 연구한 것이 오늘날의 루트입니다. $\sqrt{5} \times \sqrt{5} = 5$ 처럼 말입니다. '똑같은 루트 5를 두 번 곱하면 5라고 하자.'라고 손가락 걸고 약속했던 것이지요.

이런 루트에는 약간의 성질이 있습니다. 간단히 다루기로 합니다.

$(\sqrt{3})^2 = 3, \ (-\sqrt{3})^2 = (-\sqrt{3}) \times (-\sqrt{3}) = (\sqrt{3})^2 = 3$

$\sqrt{3^2} = 3, \ \sqrt{(-3)^2} = \sqrt{9} = \sqrt{3^2} = 3$

모두 비슷비슷하게 보이지만 약간씩 서로 다른 성깔들이 있으니 확실히 알아두세요.

1. 다음을 구하세요.

❶ 제곱근 9

❷ 9의 제곱근

❸ 제곱근 9의 제곱근

[풀이와 답 : 중학수학 5–1]

2. 다음 보기 중 옳은 것을 모두 고르세요.

──| 보기 |──

ㄱ. $-\sqrt{81}=-9$

ㄴ. $\sqrt{36}$의 양의 제곱근은 6입니다.

ㄷ. -3의 음의 제곱근은 $-\sqrt{3}$입니다.

ㄹ. 음이 아닌 수의 제곱근은 항상 2개입니다.

[풀이와 답 : 중학수학 5–2]

2. 무리수와 실수

무리수를 알려고 하면 반드시 유리수를 알아야 합니다. 왜 그럴까요? 무리수는 유리수와 다른 영역에 있기 때문입니다. 그래서 유리수와 무리수를 비교해서 이야기를 하려고 합니다.

유리수는 분수로 나타낼 수 있는 수입니다. 반면 무리수는 분수로 나타낼 수 없는 수입니다. 유리수로 나타낼 수 있는 것들을 보면 자연수, 정수, 분수 등의 모습입니다. 어려운 개념으로 순환소수 역시 유리수입니다. 순환소수가 뭐냐고요. 앞에서 배웠는데 한 번 더 보여주겠습니다.

$0.\dot{7} = 0.77777777777\cdots$

이렇게 소수 아래가 끝없이 나아가는 것은 분수로 만들 수 있습니다. 앞에서 배웠지만 기억이 안 날 뿐입니다. 확인해보겠습니다.

$0.\dot{7} = \dfrac{7}{9}$

순환소수는 분수로 나타낼 수 있기 때문에 유리수입니다. 반면 무리수는 순환하지 않는 무한소수입니다. 느낌은 알겠지만 이해가 안 될 것 같아서 보여주겠습니다.

$1.4142213\cdots$

이렇게 소수점 아래가 불규칙적으로 움직이며 끝없이 나아간다면 절대로 분수로 만들 수가 없습니다. 그래서 이런 경우 우리는 무리수라고 부릅니다. 이런 무리수에는 루트를 사용할 수 있습니다.

$\sqrt{5} \fallingdotseq 2.23606797749\cdots$

$\sqrt{5}$ 처럼 근호가 있으면 무리수입니다. 아 참, 루트가 있다고 다 무리수는 아닙니다. $\sqrt{4}$, $\sqrt{16}$ 와 같은 루트는 무리수가 아닙니다. 이것은 왜 무리수가 아닐까요? 루트 안에 제곱수가 들어가 있으면 근호를 덥다며 벗어버릴 수 있습니다. 제곱수가 근호를 벗는 장면을 볼까요.

$\sqrt{4} = \sqrt{2^2} = 2,\ \sqrt{16} = \sqrt{4^2} = 4$

루트와 제곱은 서로 같이 연기처럼 사라질 수 있습니다. 결론은 루트 안에 제곱수가 들어 있으면 루트가 사라지면서 그 수는 무리수가 아닙니다.

유리수와 무리수를 통틀어 실수라고 합니다. 실수의 가족을 소개할게요. 우리가 지금까지 배운 수들이 다 그들의 가족입니다.

$$
\text{실수}
\begin{cases}
\text{유리수}
\begin{cases}
\text{정수}
\begin{cases}
\text{양의 정수(자연수): } +1, +2, +3, \cdots \\
0 \\
\text{음의 정수 : } -1, -2, -3, \cdots
\end{cases} \\
\text{정수가 아닌 유리수 : } \frac{1}{2}, -\frac{1}{4}, 0.\dot{5}, -0.7, \cdots \\
\quad\quad\quad \downarrow \text{유한소수, 순환소수}
\end{cases} \\
\text{무리수(순환하지 않는 무한소수) : } \sqrt{2}, \pi, -\sqrt{7}, \cdots
\end{cases}
$$

이런 말들을 벤다이어그램으로 보여달라고 하는 친구들도 있어 그런 친구들을 위해 벤다이어그램으로 보여줄게요. 다음 그림과 같이 나타내는 것을 벤다이어그램이라고 합니다. 고등학생이 되면 자세히 배워요.

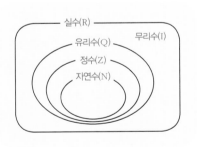

문제

1. 다음 보기 중에서 무리수를 고르세요.

| 보기 |

ㄱ. $-\sqrt{5}$ ㄴ. $-\sqrt{16}$ ㄷ. $\sqrt{12}$ ㄹ. $\sqrt{1.44}$ ㅁ. $\sqrt{100}$

[풀이와 답 : 중학수학 5–3]

2. 다음 보기의 중 그림의 색칠된 부분에 속하는 수들을 모두 골라보세요.

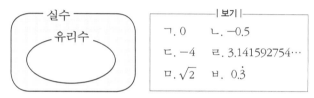

| 보기 |

ㄱ. 0 ㄴ. -0.5

ㄷ. -4 ㄹ. $3.141592754\cdots$

ㅁ. $\sqrt{2}$ ㅂ. $0.\dot{3}$

[풀이와 답 : 중학수학 5–4]

3. 수직선과 실수의 대소 관계

수직선은 무수히 많은 점들로 이루어져 있습니다. 점들이 모여 선이 되기 때문이지요. 그런데 무리수를 수직선 위에 나타낼 수 있을까요? 지금부터 배우는 부분은 무리수를 수직선 위에 나타내는 방법입니다.

$\sqrt{2}$ 를 수직선 위에 나타내보겠습니다.

일단 수직선 위에 넓이가 2인 정사각형을 그립니다. 정사각형의 한 변의 길이가 $\sqrt{2}$ 가 됩니다. 왜냐면 $\sqrt{2} \times \sqrt{2} = 2$ 정사각형은 가로세로가 같아서 그렇습니다. 그래서 제곱근의 조상은 정사각형이라는 말이 나온 겁니다. 그림을 보면 이해하기 쉽습니다. 넓이가 2인 정사각형을 잘 이용하면 수직선 위에 $\sqrt{2}$ 를 나타낼 수 있습니다.

색칠된 사각형의 넓이를 따져보면 2가 됩니다. 그래서 넓이가 2인 정사각형의 한 변의 길이는 $\sqrt{2}$ 입니다. 선분 OA를 수직

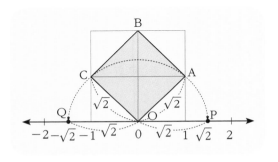

위로 잘 옮겨서 대응시키면 그 점의 위치가 바로 $\sqrt{2}$ 가 됩니다. 이 방법 잘 알아두세요. 옛날부터 써온 역사와 전통을 자랑하는 방법입니다.

선분 OA는 선분 OP와 같습니다. 그래서 점 P는 $\sqrt{2}$ 가 됩니다. 그림을 잘 보면 $-\sqrt{2}$ 도 표현되어 있습니다.

이제 이놈들의 크기를 비교해볼게요. 책에서는 실수의 대소 관계라고 하는데 대소 관계란 두 수 또는 두 식의 크기를 비교하는 말입니다.

실수의 대소 비교 방법

방법 1은 부등식의 성질을 이용합니다. 예를 들어볼게요.

$\sqrt{3} - 1$ ○ 1 (양변에 1을 더합니다)

$$\sqrt{3}-1+1 \bigcirc 1+1$$

$$\sqrt{3} < 2 = \sqrt{4} \text{ 따라서 } \sqrt{3}-1 \ < 1$$

방법 2는 제곱근의 근삿값을 이용합니다.

$$\sqrt{7} \bigcirc 2+\sqrt{2} \ (\sqrt{7}=2.\cdots, \sqrt{2}=1.414\cdots \text{대입})$$

$$\sqrt{7} \ < 2+\sqrt{2} \ (3.141\cdots)$$

1. 그림에서 점 A의 좌표를 구해보세요.(단, 모눈 한 칸은 한 변의 길이가 1인 정사각형입니다.)

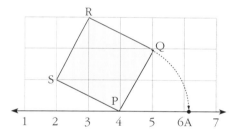

[풀이와 답 : 중학수학 5–5]

2. 다음 중 두 수의 대소 관계가 옳은 것은?

❶ $4+\sqrt{5}<\sqrt{5}+\sqrt{15}$ ❷ $3-\sqrt{5}<3-\sqrt{8}$

❸ $\sqrt{12}-\sqrt{7} >4-\sqrt{7}$ ❹ $3+\sqrt{2}>\sqrt{2}-1$ ❺ $2<\sqrt{10}-2$

[풀이와 답 : 중학수학 5–6]

4. 근호를 포함한 식의 계산

(1) 제곱근의 곱셈과 나눗셈

루트 안에는 항상 양수가 들어가야 합니다. 음수가 들어가면 안 됩니다. 이것은 약속입니다. 제곱근의 곱셈부터 알아볼게요. 수학은 반복을 싫어한다는 성질을 기억하며 다음을 보세요.

$\sqrt{a} \times \sqrt{b} = \sqrt{a \times b} = \sqrt{ab}$ (아, 루트들은 이렇게 한 방을 좋아하는구나.)

수학은 말입니다. 수로 예를 들면 이해하기가 더욱 쉽습니다.

$\sqrt{3} \times \sqrt{5} = \sqrt{3 \times 5} = \sqrt{15}$

우와, 놀랍습니다. 루트끼리 곱셈을 할 수 있는 거구나, 당연하지요. 루트도 무리수라는 수니까요. 나눗셈도 될까요? 당연하지요.

$$\sqrt{a} \div \sqrt{b} = \frac{\sqrt{a}}{\sqrt{b}} = \sqrt{\frac{a}{b}}$$

이것도 수로 나타내보겠습니다.

$$\sqrt{15} \div \sqrt{5} = \frac{\sqrt{15}}{\sqrt{5}} = \sqrt{\frac{15}{5}} = \sqrt{3}$$

무리수의 분수 역시 약분됩니다. 약분은 분수의 감미로운 무기이니까요. 근호 안에 제곱수가 있을 때 강제적으로 끄집어낼 수 있습니다. 굳이 핀셋을 사용하지 않아도 됩니다.

$\sqrt{a^2 b} = a\sqrt{b}$

조금 어렵지요? $\sqrt{12}$ 로 예를 들어보겠습니다. 일단 12를 소인수분해시켜 봅니다.

$\sqrt{12} = \sqrt{2^2 \times 3} = 2\sqrt{3}$

신기한 것은 근호의 탈바가지와 쥐만 한 제곱은 같이 사라진다는 사실입니다.

$$\sqrt{2^2} = 2$$

중학생 형들이 '분모의 유리화, 분모의 유리화' 하던데 분모의 유리화에 대해 좀 알아보겠습니다.

$$\frac{b}{\sqrt{a}} = \frac{b \times \sqrt{a}}{\sqrt{a} \times \sqrt{a}} = \frac{b\sqrt{a}}{a}$$

수를 가지고 예를 하나 들어볼까요?

$$\frac{2}{\sqrt{3}} = \frac{2 \times \sqrt{3}}{\sqrt{3} \times \sqrt{3}} = \frac{2\sqrt{3}}{3}$$

분모에 루트를 없애주는 것이 분모의 유리화입니다. 없애기 위해서 분모에 곱한 루트만큼 분자에도 똑같은 무리수를 곱해준다는 것을 빠트려서는 안 됩니다. 분모에 곱한 만큼 분자에 곱하는 것은 분수의 기본 성질입니다.

1. 다음 식을 간단히 하세요.

❶ $\sqrt{3}\sqrt{7}$ ❷ $2\sqrt{3} \times 3\sqrt{2}$ ❸ $\sqrt{6} \div \sqrt{2}$ ❹ $10\sqrt{6} \div 5\sqrt{2}$

[풀이와 답 : 중학수학 5-7]

2. 다음 수의 분모를 유리화하세요.

❶ $\dfrac{3}{\sqrt{3}}$ ❷ $\dfrac{\sqrt{2}}{\sqrt{7}}$ ❸ $\dfrac{5}{\sqrt{12}}$ ❹ $\dfrac{3}{\sqrt{11}}$

[풀이와 답 : 중학수학 5-8]

(2) 제곱근의 덧셈과 뺄셈

루트 안의 수가 같은 것을 동류항으로 보고, 다항식의 덧셈, 뺄셈과 같은 방법으로 계산할 수 있습니다. m, n이 유리수이고, a가 양수일 때 덧셈입니다.

$$m\sqrt{a} + n\sqrt{a} = (m+n)\sqrt{a}$$

우와, 문자만 있으니까 너무 어려워 보이지요. 그래서 수로 고쳐보면 이해가 팍 될 겁니다.

$$2\sqrt{3} + 5\sqrt{3} = (2+5)\sqrt{3} = 7\sqrt{3}$$

이번에는 뺄셈 계산입니다.

$$m\sqrt{a} - n\sqrt{a} = (m-n)\sqrt{a}$$

다시 수를 통해서 알아보겠습니다.

$$5\sqrt{3} - 2\sqrt{3} = (5-2)\sqrt{3} = 3\sqrt{3}$$

 문제

1. 다음 식을 간단히 하세요.

   ❶ $4\sqrt{5} + 3\sqrt{5}$ ❷ $-\sqrt{2} - 2\sqrt{2}$

   [풀이와 답 : 중학수학 5-9]

2. 다음 식을 간단히 하세요.

   ❶ $5\sqrt{6} + 3\sqrt{6} - 6\sqrt{6}$ ❷ $-2\sqrt{5} + 8\sqrt{5} - 3\sqrt{5}$

   [풀이와 답 : 중학수학 5-10]

2

인수분해의 원조는
소인수분해

1. 인수분해의 뜻

수를 분해하는 것을 소인수분해라고 하고 '식을 분해하는 것을 인수분해'라고 할 수 있습니다. 자, 이제부터 용어에
대해 알아보겠습니다.

하나의 다항식을 두 개 이상
의 다항식의 곱으로 나타낼 때,
각 다항식을 처음 다항식의 인
수라고 합니다. 인수분해되는
모습을 살펴보겠습니다.

이차식이 일차식으로 분해

이차식을 일차식으로
나누는 것이
인수분해지

되는 것이 인수분해이고, 일차식의
곱을 이차식으로 만드는 것을 전
개라고 합니다. 공통인수라는 말도
알아두도록 하겠습니다. 다항식의

$$x+3x+2$$
전개 $\uparrow\downarrow$ 인수분해
$$(x+1)(x+2)$$

각 항에 공통으로 곱해져 있는 인수, 한마디로 양다리 걸치고 있는 녀석
이라고 볼 수 있지요.

공통인수를 이용하여 인수분해하는 장면을 연출해보도록 하겠습니
다. $ma+mb=m(a+b)$에서 m이 양쪽에 공통으로 들어 있는 문자로 공통
인수입니다. 문제 하나 풀어보고 또 설명하겠습니다.

😀 문제

1. 다음 중 다항식 $x(x+1)(x-3)$의 인수가 아닌 것은?

❶ x ❷ x^2 ❸ $x+1$ ❹ $x-3$ ❺ $x(x+1)$

[풀이와 답 : 중학수학 5-11]

2. 다음 식을 인수분해하세요.

❶ $ma+mb-mc$

❷ $3x^2y-9xy^2$

[풀이와 답 : 중학수학 5-12]

2. 완전제곱식을 이용한 인수분해

완전제곱식에 대한 인수분해는 정말 많이 쓰이는 베스트셀러입니다. 완전제곱식은 다항식의 제곱으로 된 식 또는 이 식에 상수를 곱한 식을 뜻합니다. 말은 어렵습니다. 모습을 봐주세요.

$(a+b)^2$, $3(x-1)^2$

완전제곱식을 이용한 인수분해를 보여주겠습니다.

$a^2+2ab+b^2=(a+b)^2$

$a^2-2ab+b^2=(a-b)^2$

위의 식을 처음 보는 사람은 굉장히 복잡하게 보이겠지만 실은 약간의 규칙만 알면 이해가 될 것입니다. 그 규칙성을 그림을 통해 보여주겠습니다.

항상 2배
↓
$a^2 \pm 2\ a \quad b + b^2 = (\ a \pm b\ )^2$
a 가져오기   b 가져오기

이런 모습을 완전제곱식이라고 부릅니다. 이래도 이해가 완전히 되지 않는다면 마지막으로 다음 그림을 보면서 이해해보겠습니다.

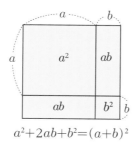

$a^2+2ab+b^2=(a+b)^2$

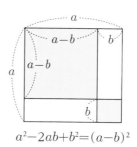

$a^2-2ab+b^2=(a-b)^2$

요즘 수학에서 서술형이 강화되면서 이 그림의 중요성이 많이 올라갔습니다. 그래서인지 어제도 이들이 시건방진 춤을 추면서 완전제곱식이 되도록 놀고 다녔습니다. 잘라서 다 붙인 결과라는 것을 알 수 있습니다.

1. 다음 식을 인수분해하세요.

❶ $x^2+10x+25$

❷ $4x^2+4x+1$

❸ $2x^2-16x+32$

❹ $9a^2-24ab+16b^2$

[풀이와 답 : 중학수학 5-13]

2. 다음 식이 완전제곱식이 되도록 ( )안에 알맞은 양수를 써넣으세요.

❶ $x^2-8x+(\ \ )$

❷ $a^2+a+(\ \ )$

❸ $x^2+(\ \ )x+9$

❹ $a^2-(\ \ )a+49$

[풀이와 답 : 중학수학 5-14]

3. 합과 차의 곱을 이용한 인수분해

항이 2개이고, 제곱의 차의 꼴인 다항식은 합과 차의 곱으로 인수분해할 수 있습니다. 인수분해란 이해보다는 공식이므로 여러 번 써보면서 익히는 것이 중요합니다.

$$a^2 - b^2 = (a+b)(a-b)$$

수를 대입하여 이 공식을 활용해보겠습니다. $x^2 - 4$를 인수분해해볼까요? 아, 4가 눈에 거슬립니까? 제곱 형태가 아니라고요? 4는 2^2으로 고칠 수 있습니다. 스스로 제곱 형태를 만들어줘야 합니다.

$$x^2 - 4 = x^2 - 2^2 = (x+2)(x-2)$$

제곱의 뺄셈 꼴을 합과 차의 곱셈 꼴로 바꾸었습니다. 이렇게 바꾸면 제곱의 차수가 낮아지는 효과가 생깁니다. 차수가 높으면 나중에 문제가 생길 수 있어서 미리미리 차수를 낮추는 게 좋습니다. 그게 바로 인수분해의 건강한 효과입니다. 그림으로 증명해볼게요.

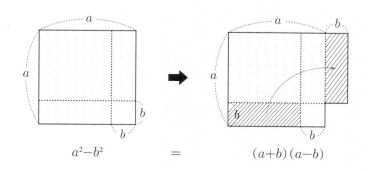

$$a^2 - b^2 \qquad = \qquad (a+b)(a-b)$$

이번 그림은 좀 이해가 가지요. 이 그림은 교과서에서 서술형으로 잘 나오는 그림이므로 이해해두세요.

1. 다음 식을 인수분해하세요. 합차공식을 이용한 문제입니다.

  ❶ x^2-49 ❷ x^2-64

  ❸ a^2-100 ❹ $9x^2-1$

[풀이와 답 : 중학수학 5-15]

2. 다음 식을 인수분해하세요.

  ❶ x^2-16y^2 ❷ $9x^2-y^2$

  ❸ $4x^2-9y^2$ ❹ $9x^2-16y^2$

[풀이와 답 : 중학수학 5-16]

4. x^2의 계수가 1인 이차식의 인수분해

여기부터는 고도의 숙련된 기술을 필요로 합니다. 연습, 연습이 중요합니다.

⟨x^2의 계수가 1인 이차식의 인수분해⟩

$$x^2+\underline{(a+b)}x+\underline{ab}=(x+a)(x+b)$$
두 수의 합   두 수의 곱

예 $x^2+3x+2=(x+1)(x+2)$
1×2
$1+2$

$x^2+(a+b)x+ab$의 인수분해 방법

1. 곱했을 때 ab가 되는 두 수를 샅샅이 모두 찾습니다.

2. 찾은 a, b 중에서 합이 x의 계수인 두 수 a, b를 결정합니다.

3. $(x+a)(x+b)$의 꼴로 나타냅니다.

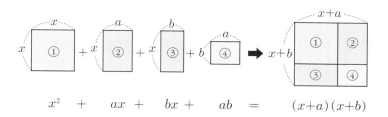

$$x^2 \quad + \quad ax \quad + \quad bx \quad + \quad ab \quad = \quad (x+a)(x+b)$$

1. 다음 조건을 만족하는 두 정수를 구하세요.

❶ 곱이 6이고 합이 7

❷ 곱이 2이고 합이 3

❸ 곱이 15이고 합이 −8

❹ 곱이 18이고 합이 −9

[풀이와 답 : 중학수학 5–17]

2. 다음 식을 인수분해하세요.

❶ $x^2+7x+12$

❷ $x^2+13x+12$

❸ $x^2-8x+12$

❹ $x^2-13x+12$

[풀이와 답 : 중학수학 5-18]

5. x^2의 계수가 1이 아닌 이차식의 인수분해

모양부터 확인을 해보면 아래와 같습니다.

$acx^2+(ad+bc)x+bd=(ax+b)(cx+d)$

이고, 이것을 그림으로 나타내보면 다음과 같습니다.

x^2의 계수를 어떤 정수들의 곱으로 찾아보고 뒤의 상수항 지역도 마찬가지로 찾아야 합니다. 위의 그림에서 보면 bd입니다. 이제 그림을 잘 봐주세요. 대각선으로 곱해서 더한 결과가 x의 앞의 수와 같아지면 이

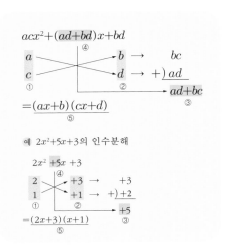

인수분해는 잘 된 인수분해가 됩니다. 식으로만 보니까 이해가 잘 안 되죠? 그래서 예를 들은 식을 다시 보겠습니다.

x^2+5x+3

x^2의 계수는 2와 1. 뒤에 수 3의 약수는 1과 3입니다. 이 순서를 이리저리 돌려보아서 맞추는 것이 인수분해의 특징입니다. 이제 남은 것은 여러분들의 노력의 힘입니다. 수학은 노력이 많이 들어가는 과목입니다. 인수분해는 약수들의 퍼즐이라고 볼 수 있습니다.

1. 다음 식을 인수분해하세요.

❶ $10x^2-xy-2y^2$

❷ $6x^2+xy-15y^2$

❸ $-12x^2+21xy+108y^2$

[풀이와 답 : 중학수학 5-19]

2. 다음 식을 인수분해하세요.

❶ $2x^2+5x+3$

❷ $6x^2+5x+1$

❸ $2x^2+13x+20$

❹ $3x^2-5x-12$

[풀이와 답 : 중학수학 5-20]

6. 복잡한 식의 인수분해 – 치환

복잡한 덩어리를 발견하면 그것을 간단한 문자로 치환한 후 인수분해 공식으로 끝장내버립니다.

공통부분이 있는 경우

$(x-y)$가 공통으로 들어 있는 식으로 예를 들어주겠습니다.

$(x-y)^2-6(x-y)+8$　$(x-y$ =A로 치환)

$=A^2-6A+8$

$=(A-2)(A-4)$　(이런 상태가 되자마자 A=$x-y$ 대입시킵니다.)

$=(x-y-2)(x-y-4)$

치환하여 인수분해한 후 반드시 대입으로 식을 마무리 짓습니다.

공통부분이 없는 경우

$(x+6)^2-(y-4)^2$　($x+6$=A, $y-4$=B로 치환합니다. 뭐 어렵지 않습니다. 치환할 것이 하나 늘은 것뿐입니다.)

$=A^2-B^2$　(우리가 본 적 있는 익숙한 합차의 제곱형식입니다. 반가워요!)

$=(A+B)(A-B)$　(A $=x+6$, B=$y-4$를 다시 대입합니다)

$=(x+6+y-4)((x+6)-(y-4))$

아 무리 복잡해도 같은 덩어리로 만들어라

그게 바로 치환이지

(음수가 있을 때는 대입시 괄호 치는 센스!)

$= (x+y+2)(x-y+10)$ (괄호 안을 정리한 결과가 답입니다.)

1. 다음 다항식을 치환을 이용하여 인수분해하세요.

$(a+1)^2 - 3(a+1) - 10$

[풀이와 답 : 중학수학 5-21]

2. 다음 식을 인수분해하세요.

$(2x-3)^2 - (x+3)^2$

[풀이와 답 : 중학수학 5-22]

6일

중학수학(3)

수학은 결국
x값 찾기다!

승태쌤의 한마디!!

인수분해와 제곱근을 활용한 이차방정식을 푸는 방법을
알아봅시다. 이차함수의 다양한 그래프를 그리고 대푯값과
산포도에 대해 공부합니다.

1

이차방정식의 결과는
인수분해의 눈물

1. 이차방정식의 뜻

이차방정식 하면 보통 x에 대한 이차방정식을 말합니다. 등식의 오른쪽인 우변에 있는 모든 항을 좌변으로 이항하여 정리했을 때, (x에 대한 이차방정식)=0의 모양으로 바뀐 방정식을 말합니다. 예를 안 들면 섭섭하겠지요?

예) $x^2+3x-2=0$, $x^2=x+1$, $x^2-1=0$

이것들의 명심해야 할 특징은 반드시 x^2이 살아 있어야 한다는 것입니다. 딴 놈들은 있다가 없다가 들쑥날쑥할 수 있지만 x^2항은 꼭 있어야 합니다. 일반적으로 x에 대한 이차방정식은 다음과 같은 모양으로 나타낼 수 있습니다.

$$ax^2+bx+c=0 \ (a, b, c\text{는 상수}, a\neq 0)$$

이차방정식이 되려면 이차
항의 계수가 0이 되면 안
됩니다. 0이 되면 어떻
게 될까요? 이차항이
사라지면서 일차방정
식이 되어 버릴 수 있습
니다.

나 처럼 머리 위에
x^2 같이 깃털 있는 것이
이차방정식이야

(1) 이차방정식의 해

이차방정식의 해는 x에 대한 이차방정식 $ax^2+bx+c=0$을 참이 되
게 하는 x의 값입니다. 이차방정식을 푼다는 말은 이차방정식의 해를
구하는 것을 말합니다.

해를 구하는 가장 쉬운 방법은 x 자리에 주어진 수를 대입해서 좌변
과 우변이 같아지는가를 보면 됩니다. 가장 기초적인 방법입니다. 한번
해보고 싶나요? 그래 직접 해보면서 느껴보도록 해요. 실천만큼 강력한
배움은 없습니다.

x가 1, 2, 3, 4로 주어져 있다고 해봅시다. 이때 매끈하게 등장하는
이차방정식이 다음과 같습니다.

$$x^2-5x+6=0$$

$x=1$일 때 이차방정식에 넣어봅니다. $1^2-5\times 1+6=2\neq 0$에서 좌
변과 우변이 같지 않아서 $x=1$은 해가 아닙니다. $x=2$일 때, $2^2-5\times 2+$
$6=0$에서 좌변의 결과와 우변의 결과가 같아졌습니다. 그래서 이차방

정식의 해는 2라고 할 수 있습니다.

$x=3$일 때, $3^2-5\times3+6=0$은 오호라, x 자리에 3을 넣어도 좌변의 결과와 우변의 결과가 같아집니다. 해가 꼭 하나만 있는 것은 아닙니다. 미리 말하지만 차수(문자 위에 조그마한 수)만큼의 해를 갖는 것이 방정식의 특징입니다.

이차방정식에서는 일반적으로 2개의 해를 가집니다. 이번에는 마지막으로 $x=4$를 대입해보겠습니다.

$4^2-5\times4+6=2\neq0$

따라서 미끈한 이차방정식 $x^2-5x+6=0$의 해는 $x=2$ 또는 $x=3$입니다.

이차방정식의 해에 대한 이야기를 다시 한번 정리해보면, $ax^2+bx+c=0$의 해가 $x=$★이라고 하면 x 자리에 ★을 넣은 모습이 반드시 성립해야 합니다.

a★^2+b★$+c=0$

이차방정식의 별 이야기까지 다 해주었으니 이제는 문제를 한번 풀어보도록 하겠습니다.

1. 다음 보기 중 x에 대한 이차방정식이 아닌 것을 모두 고르세요.

━━━━━━━━| 보기 |━━━━━━━━

ㄱ. x^2+1 　　　　ㄴ. $2x^2-x=0$ 　　　　ㄷ. $3x^2=0$

ㄹ. $x(x-1)=x^2+1$ 　　ㅁ. $x^3+2x=x(x^2-x)$

[풀이와 답 : 중학수학 6-1]

2. 다음 중 [　　] 안의 수가 주어진 이차방정식의 해인 것은 ○표, 아닌 것은 X표를 하세요.

❶ $x^2+2x=0$ $[-2]$ 　　(　)

❷ $x^2-2x+1=0$ $[1]$ 　　(　)

❸ $x^2+x+1=0$ $[0]$ 　　(　)

❹ $2x^2-x=0$ $[-1]$ 　　(　)

❺ $4x^2-3x-1=0$ $[1]$ 　　(　)

[풀이와 답 : 중학수학 6-2]

2. 인수분해를 이용한 이차방정식의 풀이

우리가 인수분해를 배운 이유는 바로 이차방정식을 풀기 위함입니다. 이차방정식 상태에서 x의 값을 구하려면 일일이 대입해서 판단하는 불편함을 앞에서 몸소 느꼈습니다. 하지만 이제는 인수분해라는 방법을 통해서 이차방정식의 x값들을 구할 것입니다. 그 전에 곱해서 0이 된다는 뜻을 알아보겠습니다.

　　$AB=0$

두 수 또는 두 식 A, B에 대하여 $AB=0$이면 다음 세 가지 중의 어느 하나를 만족하게 됩니다. A=0이고 B≠0, 둘 중 하나만 0이 되도 곱하면 0이 됩니다. 또는 A≠0, B=0인 경우도 곱하기하면 0이 됩니다. A=0, B=0의 경우, 둘 다 0이 되면서 값이 0이 됩니다. 위 세 가지를 통틀어 A=0 또는 B=0이라고 할 수 있습니다. 이 세 가지 경우를 '또는' 이라는 합집합 기호로 표현할 수 있습니다. 정리해보면 $AB=0$이면 A=0 또는 B=0이라고 할 수 있습니다. 보통 수학을 재미나게 공부하는 친구들은 0을 눈물에 비유하여 A도 눈물(0), B도 눈물(0)이라고 장난삼아 말합니다. 장난치고는 너무 수학적입니다. 보실까요?

이차식을 일차식으로 만든 상태에서 눈물(0)로 만들면 각각 일차식들이 0이 됩니다. 일차식들이 0이 되는 x의 값을 찾으면 방정식의 x의 값입니다. 양쪽 눈에서 하나씩

$$(x-1)(x+2)=0$$

$$\text{Ⓐ} \times \text{Ⓑ} = 0$$

$x-1=0$ 또는 $x+2=0$

$\therefore x=1$ 또는 $x=-2$

흘린 눈물의 값으로 x값을 찾은 셈입니다.

이제 본격적으로 인수분해를 이용한 이차방정식의 풀이를 알아보겠습니다. 공식을 사용하려면 잘 정리된 상태에서 적용시켜야 합니다. 그래서 $ax^2+bx+c=0$의 꼴로 정리한 다음 x^2 앞의 계수는 빼고 $a(x-\alpha)(x-\beta)=0$의 꼴로 만듭니다. 이제 눈물을 흘릴 차례입니다.

$x-\alpha=0$ 또는 $x-\beta=0$ $\therefore x=\alpha$ 또는 $x=\beta$

이번에는 인수분해 사인방을 만나보도록 합니다.

1. $x^2-3x=0$에서 공통인수 빼내기입니다. x! $x(x-3)=0$에서 x만에서도 눈물인 0이 나온다는 사실을 명심하세요.

$x=0$ 또는 $x-3=0$

$\therefore x=0$ 또는 $x=3$

2. $x^2-6x+5=0$

$(x-1)(x-5)=0$

$x-1=0$ 또는 $x-5=0$

$\therefore x=1$ 또는 $x=5$

일차식의 눈물의 맛만 기억한다면 인수분해를 통한 x값 찾기는 어렵지 않습니다. 일차식을 0으로 만드는 것을 눈물 맛이라고 합니다.

3. $x^2-4=0$ 이 모양 기억납니까? 합차 꼴의 모습입니다. $(x+2)(x-2)=0$에서 합차도 눈물 흘리나요? 당연합니다. 일차식은 항상 흘립니다.

$x+2=0$ 또는 $x-2=0$, 따라서 $x=-2$ 또는 $x=2$

이차방정식은 일차식 모양으로 만들기만 하면 해결됩니다.

4. $x^2+4x+4=0$을 인수분해하면 특이한 모양이 나옵니다. $(x+2)$ $(x+2)=0$으로 같은 모양이네요. $(x+2)^2=0$은 지수법칙을 이용하여 뭉쳐서 표현해줍니다.

$x+2=0$ 또는 $x+2=0$, 따라서 $x=-2$ 또는 $x=-2$

이처럼 두 근이 중복되어 서로 같을 때 우리는 중근이라고 부릅니다. 즉 이차방정식이 (완전제곱식)$=0$의 꼴로 인수분해되면 중근을 가지게 됩니다.

1. 다음 이차방정식의 근을 구하세요.

❶ $x(x+3)=0$

❷ $(x-2)(x-3)=0$

❸ $(x+1)(x-4)=0$

❹ $(x-3)^2=0$

❺ $2(x+1)^2=0$

❻ $(2x+1)^2=0$

[풀이와 답 : 중학수학 6-3]

2. 다음 이차방정식을 풀어보세요.

❶ $x^2-6x=0$

❷ $5x^2+2x-3=0$

❸ $x(x-5)=-3(x-5)$

❹ $x(x+4)=-4$

[풀이와 답 : 중학수학 6-4]

3. 제곱근을 이용한 이차방정식의 풀이

인수분해를 이용하여 이차방정식을 풀면 되는데 이것은 또 왜 배우냐고요? 이차방정식을 풀다보면 인수분해가 안 될 때가 있습니다. 그럴 때 이 무기를 사용합니다. 제곱근을 이용하여 푸는 가장 단순한 형태부터 도전해보겠습니다.

$x^2-6=0$

인수분해를 하려고 해도 인수분해가 잘 안 되지요. 제곱근의 성질을 이용하여 풀어보겠습니다.

$x^2=6,\ x=\pm\sqrt{6}$

이 기호가 뭐냐고요? 물어보는 것이 당연합니다. +와 −를 한꺼번에 표현한 것입니다. 좀 멋있어 보이지요. 6의 제곱근은 앞에서도 배웠듯이 두 개가 나옵니다. 그래서 제곱해서 6이 나오는 수는 무리수로

$+\sqrt{6}$ 과 $-\sqrt{6}$이 있습니다. 이렇게 인수분해가 아닌 방법으로 x의 값을 구할 수도 있습니다. 이 방법이 바로 제곱근의 성질을 이용한 이차방정식의 풀이입니다. 그런데 이 방법에 약간 변형된 색다른 녀석이 떡하니 있는데 그 녀석 하나만 더 공부해보겠습니다. 이번에도 문자보다는 숫자가 있는 모습으로 하도록 합니다. 그런 경우가 이해하기 더 좋습니다.

$(x+2)^2-2=0$ 인수분해가 될 듯 보이지만 이 경우 결코 인수분해하기가 싫지 않습니다. x의 값으로 정수가 나오지 않습니다. 팔을 걷어붙이고 도전해봅시다. 일단 이항 들어갑니다.

$(x+2)^2=2$ (위에 붙어 있는 수, 제곱을 없애주기 위해 루트를 불러와야 합니다.)

$(x+2)=\pm\sqrt{2}$ (제곱을 떼내면 $+$와 $-$ 두 개의 부호가 동시에 생깁니다.)

$x=-2\pm\sqrt{2}$ (x만 남겨두고 넘기면 그게 이 문제의 답입니다.)

1. 다음 이차방정식을 풀어주세요.

❶ $3x^2-21=0$

❷ $x^2-5=0$

❸ $4(x-1)^2=20$

❹ $(3x-5)^2=6$

[풀이와 답 : 중학수학 6-5]

2. 다음 이차방정식을 푸세요.

❶ $3x^2-15=0$ ❷ $4x^2-49=0$

❸ $3(x-1)^2=12$ ❹ $(2x-1)^2=8$

[풀이와 답 : 중학수학 6-6]

4. 완전제곱식을 이용한 이차방정식의 풀이

완전제곱식으로도 이차방정식을 풀 수 있는데 그것에 대하여 공부하도록 하겠습니다. 이차방정식 하나 나와주세요.

$x^2+6x+1=0$

음, 비교적 덜 폭력적인 형태의 방정식이네요. 이차방정식 $x^2+6x+1=0$에서 1을 우변으로 냅다 옮겨 이항하면

$x^2+6x=-1$ (이항하면 부호가 바뀝니다)

이제 좌변을 완전제곱식으로 만들기 위하여 x의 계수 6의 $\frac{1}{2}$인 3을 제곱한 값 9를 양변에 더하면

$x^2+6x+9=-1+9$

이므로 좌변을 완전제곱식으로 나타내면

$(x+3)^2=8$

이제는 배운 지식을 활용하여 제곱근을 이용하면

$x+3=\pm2\sqrt{2}$

이므로 구하는 이차방정식의 근은 다음과 같습니다.

$x=-3\pm2\sqrt{2}$

1. 다음은 완전제곱식을 이용하여 이차방정식 $x^2+6x+2=0$의 해를 구하는 과정입니다. ( ) 안에 알맞은 수를 써넣으세요.

$x^2+6x+2=0$

$x^2+6x=(\quad)$

$x^2+6x+(\quad)=-2+(\quad)$

$(x+(\quad))^2=(\quad)$

$x+(\quad)=(\quad)$

$x=(\quad)$

[풀이와 답 : 중학수학 6-7]

2. 완전제곱식을 이용하여 이차방정식을 풀어주세요.

$x^2+3x+1=0$

[풀이와 답 : 중학수학 6-8]

2

이차함수는
그래프만 잘 그리면 끝!

1. 이차함수의 뜻

적을 알고 나를 알면 백전백승이라 했습니다. 이제 우리는 이차함수 식의 모양부터 다루도록 하겠습니다. 다음과 같은 관계식이 있다면

$$y = -2x^2 + 1000$$

이러한 모습의 함수를 우리는 이차함수라고 부릅니다. 일반적으로 함수 $y = f(x)$에서 x에 관한 이차식 $y = ax^2 + bx + c (a \neq 0,$ a, b, c는 상수)로 나타낼 때, 이 함수 $y = f(x)$를 이차함수라고 부를 수

있습니다.

이차식이 등장하고 이차방정식, 그다음 이차함수로 순서대로 수학을 공부했습니다. 이들의 모습을 차례대로 살펴보는 것도 학습에 도움이 될 것입니다.

ax^2+bx+c	x에 대한 이차식
$ax^2+bx+c=0$	x에 대한 이차방정식
$y=ax^2+bx+c$	x에 대한 이차함수

문제

1. 다음 중 이차함수가 아닌 것을 모두 고르세요.

ㄱ. $y=\dfrac{3}{2}$

ㄴ. $y=5x^2+3x-2$

ㄷ. $y=2(x-4)^2$

ㄹ. $y=(x-3)^2-x^2+2x$

ㅁ. $y=3x^2-6$

[풀이와 답 : 중학수학 6–9]

2. 한 변의 길이가 2cm인 정사각형에서 가로의 길이는 매분 2cm씩, 세로의 길이는 매분 1cm씩 동시에 늘어난다고 합니다. x분 후 직사각형의 넓이를 $y$cm²라고 할 때, 다음 물음에 답하세요.

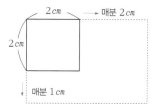

(1) y를 x에 관한 식으로 나타내세요.

(2) y는 x에 관한 이차함수인가요?

[풀이와 답 : 중학수학 6-10]

2. 이차함수 y=x² 그래프

(1) 이차함수 $y=x^2$ 의 그래프 그리기

이차함수 $y=x^2$에서 변수 x의 값에 대한 함숫값 y의 값을 구하여 표를 만들면 다음과 같습니다.

x	$\cdots$	-3	-2	-1	0	1	2	3	$\cdots$
y	$\cdots$	9	4	1	0	1	4	9	$\cdots$

(1) x와 y의 값의 순서쌍 (x, y)을 좌표평면 위에 나타내면 그림 1과 같습니다.

(2) x의 값의 간격을 점점 작게 하여 이들로부터 얻어지는 순서쌍 (x, y)을 좌표평면 위에 나타내면 그림 2와 같아집니다.

(3) 실수 전체를 나타내는 그림이면, $y=x^2$의 그래프는 그림 3과 같이 원점을 지나는 아주 매끄러운 곡선이 됩니다.

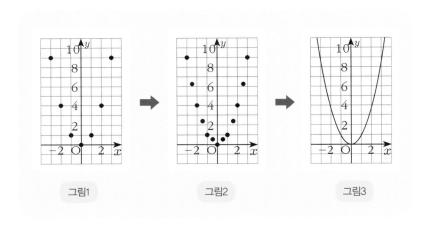

그림1   그림2   그림3

점들이 점점 많아질수록 이차함수의 모습이 매끄럽고 선명해지지요? 점들이 모여 선이 되는 성질을 이용한 것입니다.

이차함수 $y=x^2$의 그래프에 대한 성질을 알아보겠습니다. 실제로 얼마나 매끄러운지 보겠습니다.

(1) 원점 O를 지나고, 아래로 부드럽게 볼록합니다.

(2) y축에 대하여 대칭이 됩니다. y축을 접는 선으로 하여 접었을 때, 그래프가 완전히 포개진다는 뜻이기도 합니다.

(3) $x<0$일 때에는 x의 값이 증가함에 따라 y의 값이 감소합니다. x

>0일 때에는 x의 값이 증가함에 따라 y의 값이 증가합니다. 그림을 보면서 이해해야 합니다.

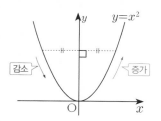

(4) 원점을 제외하고는 그림의 모든 부분이 x축보다 위쪽에 그려져 있습니다.

1. 다음 중 포물선 $y=x^2$위에 있지 않은 점은?

❶ $(0, 0)$　❷ $(-1, 1)$　❸ $(1, 1)$　❹ $(2, 4)$　❺ $(-3, 6)$

[풀이와 답 : 중학수학 6-11]

2. 다음 중 이차함수 $y=x^2$의 그래프에 대한 설명으로 옳지 않은 것은?

❶ 그래프의 모양은 아래로 볼록한 포물선입니다.

❷ 꼭짓점의 좌표는 $(0, 0)$입니다.

❸ $y=-x^2$의 그래프와 y축에 대하여 대칭입니다.

❹ $x=0$을 축으로 하는 선대칭도형입니다.

❺ $x<0$인 범위에서 x의 값이 증가하면 y의 값은 감소합니다.

[풀이와 답 : 중학수학 6-12]

3. 이차함수 y=ax²(a≠0)의 그래프

이제 x^2 앞에 덩어리째 붙어 있는 모습의 그래프에 대해 알아보겠습니다. 이 그래프 역시 원점을 꼭짓점으로 합니다. 왜냐고요? 원점 $(0,0)$을 대입해보면 좌변과 우변이 모두 0으로 식이 성립합니다. 그 말은 원점을 지난다는 뜻이 되기도 합니다. 그리고 y축을 축으로 하는 포물선입니다. 즉 그 말은 y축에 대하여 좌우로 대칭이란 뜻입니다. 식으로 표현하면 $x=0$이라는 축의 방정식으로 표현할 수 있습니다. 축의 방정식을 물어보는 문제도 자주 출제됩니다.

그런데 앞에 불룩한 a는 어떤 기능을 하는 걸까요? a는 그래프의 모양을 결정합니다. a가 양수이면 아래로 볼록한 그림이 그려지고 a가 음수이면 위로 볼록한 그림이 그려집니다. a란 녀석의 힘이 대단합니다. 뒤집기를 할 정도니까요. 그리고 a란 녀석의 절댓값이 커질수록 그래프의 폭은 다이어트하듯 좁아집니다. 다음 그림을 한번 살펴보겠습니다.

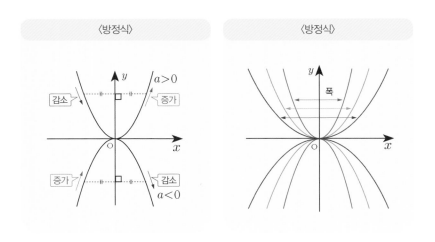

그림을 보는 것이 이해가 빠르지요. 근데 앞에서 포물선이라는 말이 나왔습니다. 포물선이라는 말뜻을 그
냥 지나칠 수 없지요. 알아보겠습니
다. 이차함수의 그래프와 같은 모양
의 곡선을 모두 포물선이라고 부릅
니다. 이것도 그림으로 보면 이해하
기 쉽습니다.

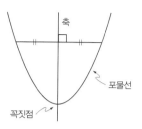

축은 포물선을 선대칭도형으로 만들고 그 대칭축을 포물선의 축이
라고 부릅니다. 꼭짓점은 포물선과 축의 교점입니다. 그림으로 보는 것
이 훨씬 기억에 오래 남습니다.

1. 이차함수 $y=ax^2$의 그래프가 점$(-2, 8)$을 지날 때, 상수 a의 값을 구
   하세요.

   [풀이와 답 : 중학수학 6–13]

2. 다음 그림은 이차함수 $y=ax^2$의 그래프입니다. 이 중에서 상수 a의 값
   이 가장 작은 것을 구하세요.

   [풀이와 답 : 중학수학 6–14]

4. $y=ax^2+q(a \neq 0)$의 그래프

이차함수 $y=ax^2+q$의 그래프는 $y=ax^2$의 그래프를 y축의 방향으로 q만큼 평행이동한 것입니다. y축은 그대로인데 꼭짓점만 $(0, q)$로 하는 그림이 됩니다. 평행이동이란 말뜻에 대해 잠시 알아보겠습니다. 한 도형을 일정한 방향으로 일정한 거리만큼 옮기는 것을 뜻합니다. '들었다 놨다, 들었다 놨다'가 바로 평행이동을 나타내는 말이라고 생각하면 됩니다.

말보다는 그림으로 이해하는 것이 더 빠릅니다.

이차함수	(1) $y=x^2+3$	(2) $y=2x^2-2$	(3) $y=-x^2+3$	(4) $y=-2x^2-2$
그래프의 평행이동	$y=x^2$의 그래프를 y축의 방향으로 +3만큼 평행이동	$y=2x^2$의 그래프를 y축의 방향으로 −2만큼 평행이동	$y=-x^2$의 그래프를 y축의 방향으로 +3만큼 평행이동	$y=-2x^2$의 그래프를 y축의 방향으로 −2만큼 평행이동
꼭짓점의 좌표	$(0, 3)$	$(0, -2)$	$(0, 3)$	$(0, -2)$
축의 방정식	$x=0$	$x=0$	$x=0$	$x=0$
그래프의 개형				

문자는 되도록 줄이고 숫자를 직접 대입하여 설명해보았습니다. 똑같은 모양으로 y축으로 이동한 그림이라는 공통점이 있습니다. 이 그래프의 특징은 y축으로의 이동입니다.

1. 다음 이차함수의 그래프를 y축의 방향으로 ( ) 안의 수만큼 평행이동한 그래프의 식을 구하고, 꼭짓점의 좌표와 축의 방정식을 구하세요.

❶ $y=-2x^2$ (4)　　　❷ $y=\dfrac{2}{3}x^2$ (−2)

[풀이와 답 : 중학수학 6–15]

2. 다음 이차함수의 그래프의 꼭짓점의 좌표와 축의 방정식을 구하세요.

❶ $y=\dfrac{5}{3}x^2+1$　　　❷ $y=-4x^2-4$

[풀이와 답 : 중학수학 6–16]

5. $y=a(x-p)^2 (a \neq 0)$의 그래프

이 그래프는 옆으로 흔들리는 이차함수의 그래프입니다. 위아래로는 꼼짝도 안 하는데 옆으로만 흔들리는 그래프의 특징을 가지고 있습니다. 백 마디 말보다 수를 대입하여 특징을 살펴보도록 해봅시다.

이차함수	(1) $y=(x-3)^2$	(2) $y=2(x+2)^2$	(3) $y=-(x-3)^2$	(4) $y=-2(x+2)^2$
그래프의 평행이동	$y=x^2$의 그래프를 x축의 방향으로 $+3$만큼 평행이동 ┌─ 부호에 주의!	$y=2x^2$의 그래프를 x축의 방향으로 -2만큼 평행 이동	$y=-x^2$의 그래프를 x축의 방향으로 $+3$만큼 평행 이동	$y=-2x^2$의 그래프를 x축의 방향으로 -2만큼 평행이동
꼭짓점의 좌표	$(3,0)$	$(-2,0)$	$(3,0)$	$(-2,0)$
축의 방정식	$x=3$	$x=-2$	$x=3$	$x=-2$
그래프의 개형				

→ x의 값이 증가할 때 { y의 값의 감소 범위 ⇨ x<3 / y의 값의 증가 범위 ⇨ x>3 }

→ x의 값이 증가할 때 { y의 값의 감소 범위 ⇨ x>3 / y의 값의 증가 범위 ⇨ x<3 }

딱 하나 더 기억하면 좋은 점은 '괄호 안의 부호 반대로 평행이동한다'입니다. 옆으로만 이동하기 때문입니다.

문제

1. 이차함수 $y=-3x^2$의 그래프를 x축의 방향으로 2만큼 평행이동한 그래프에 대하여 다음을 구하세요.

   (1) 이차함수의 식

   (2) 꼭짓점의 좌표

   (3) 축의 방정식

(4) x의 값이 증가할 때, y의 값도 증가하는 x의 값의 범위

[풀이와 답 : 중학수학 6-17]

2.이차함수 $y=-(x-1)^2$**을 그려주세요.**

[풀이와 답 : 중학수학 6-18]

6. y=a(x−p)²+q(a≠0)의 그래프

이제 마지막 그래프의 모습입니다. x축으로 이동을 하고 y축으로도 이동을 하는 형태의 그림입니다. 역시 수를 대입하여 모습을 확인해야 정확히 알 수 있습니다.

이차함수	(1) $y=(x-3)^2+2$	(2) $y=-2(x+3)^2-1$
그래프의 평행이동	$y=x^2$의 그래프를 x축의 방향으로 +3만큼, y축의 방향으로 +2만큼 평행이동	$y=-2x^2$의 그래프를 x축의 방향으로 −3만큼, y축의 방향으로 −1만큼 평행이동
꼭짓점의 좌표	$(3,2)$	$(-3,-1)$

축의 방정식	$x=3$	$x=-3$
그래프의 개형	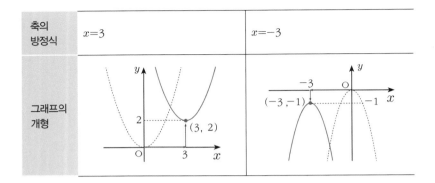	

x축으로의 이동은 괄호 안의 부호 반대로 이동하고 y축의 이동은 그대로 이동시키면 됩니다. 반드시 기억해야 합니다. 꼭짓점이 이동됐다고 보면 됩니다.

1. 이차함수 $y=-2(x-4)^2-1$의 그래프를 x축의 방향으로 1만큼, y축의 방향으로 −2만큼 평행이동한 그래프의 식을 구하세요.

[풀이와 답 : 중학수학 6-19]

2. 이차함수 $y=a(x-p)^2+q$의 그래프가 그림과 같을 때, a, p, q의 부호를 구해보세요.

[풀이와 답 : 중학수학 6-20]

3

대푯값과 산포도
흩어져라, 모여라

1. 대푯값

대푯값이라는 말이 등장하지요? 이 말은 자료 전체의 특징을 하나의 수로 나타낸 값입니다. 그러니까 자료가 쭉 있으면 그 자료들의 중심적인 경향을 하나의 수로 표현한 값입니다. 일일이 다 나열한 것을 보는 것보다 하나의 수로 판단하는 것이 훨씬 편합니다. 이러한 대푯값을 나타내는 종류에는 평균, 중앙값, 최빈값 등이 있습니다. 평균은 우

리가 시험 치고 나서 많이 애용하는 기호품입니다. 평균이 우리를 슬프게 하기도 합니다. 지난번보다 평균 점수가 떨어지면 말입니다. 평균은 변량의 총합을 변량의 개수로 나눈 값입니다. 식으로 표현하면 다음과 같습니다.

$$(\text{평균}) = \frac{(\text{변량의 총합})}{(\text{변량의 개수})}$$

변량이 뭐냐고요? 키, 몸무게, 점수 등과 같이 자료를 수량으로 나타낸 것입니다. 가령 저번에 여러분이 받은 수학 28점도 변량의 일종입니다. 예를 들어 국어, 영어, 수학의 점수가 각각 85점, 90점, 89점일 때,

$$(\text{세 과목의 평균}) = \frac{85 + 90 + 89}{3} = \frac{264}{3} = 88(\text{점})$$

평균 구하기 간단하지요? 이번에는 중앙값이라는 것을 알아보겠습니다. 중앙값은 자료를 작은 값에서부터 크기순으로 나열하였을 때, 한가운데 놓이는 값을 말합니다. 그래서 중앙값이라고 부릅니다. 그런데 자료의 개수가 홀수일 때와 짝수일 때 찾는 방법이 다릅니다. 가만히 생각해보니 그렇겠지요. 자료의 개수가 홀수면 중앙에 있는 자료의 값이 바로 중앙값이 됩니다. 반면에 자료의 개수가 짝수면 중앙에 있는 두 자료 값의 평균을 중앙값으로 만들어줍니다. 중앙값은 자료를 크기순으로 나열하는 것이 중요합니다. 그렇게 안 하면 답이 달라집니다.

중앙값 찾기의 예를 들어보겠습니다. 자료 6, 7, 7, 8, 9의 중앙값은 딱 가운데 7입니다. 이렇게 홀수일 때는 중앙에 위치한 값을 찾으면 됩니다. 다음 자료를 보겠습니다. 6, 7, 7, 8, 9, 10에서 중앙값을 7로 잡아야 할까요, 8로 잡아야 할까요? 짝수 개일 때는 이런 문제가 생깁니다.

그럴 때 해결책으로는 7과 8을 더해서 공평하게 나누기 2를 해주면 그 값이 중앙값으로 인정됩니다. 이로써 중앙값 문제는 해결되었습니다.

최빈값은 자료 중에서 가장 빈번하게 관찰되는 자료값입니다. 1, 2, 3, 3, 5, 8의 자료로 구성돼 있다면 3이 2번 관찰되었으므로 최빈값이 됩니다.

1. 다음 자료의 평균과 중앙값을 각각 구하세요.

7, 4, 6, 3, 7, 5, 7, 9, 8, 4

[풀이와 답 : 중학수학 6–21]

2. 다음 중 아래 자료에 대한 대푯값으로 적당한 것은 무엇일까요?

12, 15, 17, 21, 27, 148

[풀이와 답 : 중학수학 6–22]

3. 다음 자료의 최빈값을 구하세요.

❶ 2, 3, 4, 3, 5, 7, 3, 10, 11, 3

❷ 4, 8, 5, 3, 4, 7, 4, 12, 5, 8, 5

❸ 5, 7, 8, 1, 2, 11, 9, 3, 10, 4, 13

[풀이와 답 : 중학수학 6–23]

4. 다음은 학생 24명의 가족 수를 조사하여 나타낸 표입니다. 이때 최빈값을 구하세요.

가족 수 (명)	2	3	4	5	6
학생 수 (명)	2	7	6	6	3

[풀이와 답 : 중학수학 6-24]

2. 산포도와 편차

태어나서 처음 듣는 산포도라는 말이 등장했습니다. 과일 이름이 아닙니다. 대푯값을 중심으로 자료가 흩어져 있는 정도를 하나의 수로 나타낸 값입니다.

산포도에는 여러 가지가 있으나 그 중에서 분산과 표준편차가 가장 많이 사용됩니다. 변량(점수들)이 흩어지고 모이는 것이 뭐가 중요하냐면, 평균에 점수들이 많이 쏠려 있는 지, 아니면 띄엄띄엄 있는지 를 가지고 어떠한 경향을 파

악할 수 있습니다. 잘하는 친구들이 많이 쏠려 있는 것을 대략 짐작할 수 있기도 합니다.

산포도가 크면 자료들이 대푯값으로부터 멀리 흩어져 있고, 산포도가 작으면 자료들이 대푯값 주위에 가득 모여 있다는 뜻입니다. 산포도를 계산하려면 편차라는 것을 알아야 하는데. 편차는 각 변량에서 평균을 뺀 값, 즉 (편차)=(변량)−(평균)입니다.

어떤 점수가 평균과 얼마만큼 차이가 나느냐를 가지고 그 변량이 산포해 있는 상태를 알 수 있습니다. 이 편차에도 '성질'이 있습니다. 편차의 총합은 항상 0입니다. 당연한 이야기지요. 평균에서 들어가고 나가고는 결국 그 합이 0이 되어야 맞게 계산한 것입니다. 평균보다 큰 변량의 편차는 양수이고, 평균보다 작은 변량의 편차는 음수가 됩니다.

음, 편차는 양수만 있는 것이 아니군요. 음수도 있습니다. 당연하지요. 평균보다 작으면 그렇게 표현할 수 있습니다.

1. 어떤 자료의 편차가 다음과 같을 때, x의 값을 구하세요.

$-3, 5, -2, 1, x$

[풀이와 답 : 중학수학 6−25]

2. 다음은 어느 반 학생 6명의 몸무게의 편차를 나타낸 것입니다. 이 자료의 평균이 68kg일 때, x의 값과 그 학생의 몸무게를 각각 구하세요.

$-4, \ 8, \ x, \ 10, \ -4, \ -1$

[풀이와 답 : 중학수학 6-26]

3. 분산과 표준편차

산포도는 대푯값을 중심으로 자료가 흩어져 있는 정도를 하나의 수로 나타낸 값이라고 했습니다. 그 산포도를 나타내는 종류로는 분산과 표준편차가 있어요. 분산은 편차의 제곱의 평균입니다. 편차는 앞에서

말했지요. 변량에서 평균을 뺀 값이라고 합니다. 분산에 대한 식을 보기 좋게 나타내보면 다음과 같습니다.

$$(\text{분산}) = \frac{((\text{편차})^2\text{의 총합})}{(\text{변량의 개수})}$$

이제 분산에서 태어난 표준편차에 대하여 알아보겠습니다.

표준편차는 분산의 값에 루트를 씌우면 됩니다. 분산이 5라면 표준편차의 값은 $\sqrt{5}$ 입니다. 표준편차가 클수록 평균을 중심으로 변량들이 넓게 흩어져 있고 표준편차가 작을수록 평균을 중심으로 변량들이 옹기종기 가깝게 모여 있게 됩니다.

이 설명을 그래프로 이해하면 참 좋습니다.

대칭인 그래프 A, B를 해석해보겠습니다.

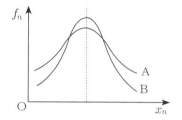

1. A와 B의 평균은 같습니다.

2. A가 B보다 표준편차가 큽니다. 그림상으로 뾰족할수록 '표준편차가 작다'라고 볼 수 있습니다. 평퍼짐할수록 표준편차는 커집니다.

3. B가 A보다 분포 상태가 더 고릅니다. 뾰족할수록 분포 상태가 고른 것입니다. 평균에 많이 모여 있으므로 성적이 고르다고 볼 수 있지요.

1. 다음 표는 6명의 국어 성적을 나타낸 것입니다. 다음 물음에 답하세요.

학생	A	B	C	D	E	F
국어 점수	83	85	79	88	86	89

(1) 평균을 구하세요.

(2) 다음 표를 완성하세요.

학생	A	B	C	D	E	F
편차						
(편차)^2						

(3) 분산을 구해보세요.

(4) 표준편차를 구해보세요.

[풀이와 답 : 중학수학 6-27]

2. 다음 자료는 6회에 걸쳐 받은 수학 점수입니다. 점수의 평균, 분산, 표준편차를 각각 구해보세요.

　　8　　8　　9　　10　　10　　9

[풀이와 답 : 중학수학 6-28]

4. 도수분포표에서 중앙값, 최빈값

도수분포표가 뭔지 잘 모르겠다고요? 이런 안타까운 경우가 있나요. 그림으로 보여주겠습니다.

등학 시간 (분)	학생 수 (명)
10^{이상}~20^{미만}	2
20 ~30	7
30 ~40	5
40 ~50	3
50 ~60	3
합계	20

학생 수를 그림과 같이 표로 나타낸 것을 도수분포표라고 합니다. 이제 알겠지요. 그림을 잘 보도록 하세요. 도수분포표에서 중앙값은 한가운데 놓이는 값이 속하는 계급의 계급값을 말합니다. 계급값은 또 뭘까요? 계급값이란 계급의 가운데 값입니다. 식으로 나타내면 다음과 같습니다.

$$(계급값) = \frac{(계급의 \ 양 \ 끝 \ 값의 \ 합)}{2}$$

위의 도수분포표에서 보면 35분이 중앙값이 되겠네요. 그렇지요?

그다음 알아야 할 것이 최빈값인데 최빈값은 도수가 가장 큰 계급의 계급값을 말합니다. 역시 위 도수분포표에서 보면 학생 수는 7명이 가장 많지요. 그곳에서 계급을 찾으면 20 이상 30 미만입니다. 여기서 계급의 가운데 값은 25분이 됩니다. 도수분포표에서 중앙값과 최빈값을 알아보았습니다.

1. 다음의 도수분포표를 보고 중앙값과 최빈값을 구해보세요.

계급	도수
$0^{이상} \sim 10^{미만}$	7
10 ~20	14
20 ~30	15
30 ~40	4
합계	40

[풀이와 답 : 중학수학 6-29]

2. 다음 표는 영인이네 반 학생 25명의 수학 성적을 조사하여 나타낸 도수분포표입니다. 다음의 중앙값과 최빈값을 구해보세요.

수학 성적 (점)	학생 수 (명)
$50^{이상} \sim 60^{미만}$	3
60 ~70	5
70 ~80	8
80 ~90	6
90 ~100	3
합계	25

[풀이와 답 : 중학수학 6-30]

5. 도수분포표에서 분산, 표준편차

다음 표와 같이 학생 20명의 오락 활동 시간에 대한 자료가 도수분포표로 주어졌을 때에는

오락 활동 시간	학생 수
$10^{이상} \sim 14^{미만}$	3
$14 \sim 18$	3
$18 \sim 22$	7
$22 \sim 26$	5
$26 \sim 30$	2
합계	20

다음 순서에 따라 평균, 분산, 표준편차를 각각 구할 수 있습니다.

1. 다음과 같은 표를 만들어 각 계급의 계급값을 구합니다. 계급값이 뭔지 말해주었지요? 모르겠다고요? 계급의 양 끝 값의 합을 2로 나눈 값입니다.

계급(시간)	도수 (명)	① 계산값 (시간)	② (계산값) ×(도수)	③ 편차(시간)	④ (편차)²×(도수)
$10^{이상} \sim 14^{미만}$	3	12	36	$12 + 20 = -8$	$(-8)^2 \times 3 = 192$
$14 \sim 18$	3	16	48	$16 + 20 = -8$	$(-4)^2 \times 3 = 192$
$18 \sim 22$	7	20	140	$20 - 20 = 0$	$0^2 \times 7 = 0$
$22 \sim 26$	5	24	120	$24 - 20 = 4$	$4^2 \times 5 = 80$
$26 \sim 30$	2	28	56	$28 - 20 = 8$	$8^2 \times 2 = 128$
합계	20		400		448

$$(평균) = \frac{400}{20} = 20(시간)$$

2. 각 계급의 (계급값)×(도수)를 구합니다.

3. 이제 공평한 값인 평균을 구해보겠습니다.

$$\Rightarrow (평균) = \frac{(계급값)\times(도수)의\ 총합}{(도수)의\ 총합} = \frac{400}{20} = 20\,(시간)$$

4. 분산을 구하기 전에 편차를 먼저 구해보겠습니다.

(편차)=(계급값)-(평균) 기억하지요?

5. (편차)²×(도수)의 총합을 구합니다.

6. 이제 드디어 분산을 구하겠습니다.

$$\Rightarrow (분산) = \frac{\{(편차)^2\times(도수)\}의\ 총합}{(도수)의\ 총합} = \frac{448}{20} = 22.4$$

7. 저기 있는 루트를 데리고 와서 표준편차를 구해보겠습니다. 표준편차는 분산에 루트만 씌우면 끝입니다.

$$(표준편차) = \sqrt{(분산)} = \sqrt{22.4}\,(시간)$$

이때 주의 사항, 분산에는 단위를 붙이지 않고, 표준편차에는 단위를 붙입니다. 이때 단위는 변량의 단위와 같습니다.

1. 아래 표는 영서네 반 학생 20명의 1년간 영화 관람 횟수를 조사한 것
   입니다. 영화를 관람한 횟수의 분산과 표준편차를 각각 구해보세요.

횟수 (회)	4	5	6	7	8	합계
도수 (명)	3	6	3	4	4	20

[풀이와 답 : 중학수학 6-31]

2. 다음 자료들 중에서 표준편차가 가장 큰 것은?

❶ 2, 6, 2, 6, 2, 6, 2, 6

❷ 2, 6, 2, 6, 4, 4, 4, 4

❸ 3, 5, 3, 5, 3, 5, 3, 5

❹ 3, 5, 3, 5, 4, 4, 4, 4

❺ 4, 4, 4, 4, 4, 4, 4, 4

[풀이와 답 : 중학수학 6-32]

7일

중학수학(3)

중학수학의
핵심을 배운다

승태쌤의 한마디!!

중학수학의 최고봉을 경험해볼 시간입니다. 피타고라스의 정리,
삼각비, 원과 현, 원의 접선과 원주각에 대해 알아봅시다.

1

피타고라스의 정리
빗변만 찾아요!

1. 피타고라스의 정리와 증명

피타고라스의 정리는 피타고라스라는 수학자가 직각삼각형에서 직각을 끼고 있는 두 변의 길이를 각각 a, b라 하고 빗변의 길이를 c라 할때, $c^2=a^2+b^2$이 성립함을 정리함으로 유명해졌습니다.

c를 제곱하면 a제곱과 b제곱의 합과 같아집니다. 아래 삼각형이 직각삼각형일 때, 왜 그

피타고라스

피라미드를 쌓으려면 피타고라스의 정리를 알아야 해

렇게 되는지 증명을 해보겠습니다. 그
리스의 유명한 수학자 유클리드가 증
명한 방법을 배워보도록 합니다.

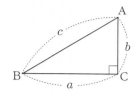

(1) 유클리드의 증명

원리는 직각삼각형에서 빗변을 한 변으로 하는 정사각형의 넓이는
나머지 두 변을 각각 한 변으로 하는 두 정사각형의 넓이의 합과 같다.
즉 $\overline{AB}^2 = \overline{BC}^2 + \overline{CA}^2$ 이 성립합니다. 그림을 보면 더 확실히 알게 됩니
다.

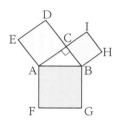

왜 제곱을 하냐고요? 정사각형의 가로세
로는 길이가 똑같아서 제곱이 되는 효과와
같습니다. 작은 두 개의 정사각형의 합이 큰
사각형의 넓이와 같아지는 것을 마치 연속
화면처럼 보여줄게요. 잘 보세요.

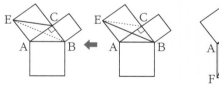 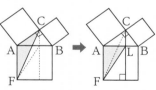

어떤가요? 처음 동작과 두 번째 동작에서는 '밑면의 길이가 같고 높
이가 같은 삼각형의 넓이는 같다'를 이용했습니다.

첫 번째와 두 번째의 색칠된 삼각형의 넓이는 같습니다. 그다음 두

번째와 세 번째의 연결 동작인데 이때는 두 삼각형의 합동조건을 이용합니다. 변 EA와 변 AC가 같고 각 EAB와 각 CAF가 같습니다.

마지막 조건으로 변 AB와 변 AF가 같습니다. 그래서 두 삼각형은 합동입니다. 삼각형의 합동조건은 SAS입니다. 그래서 무사히 두 번째 동작과 세 번째 동작으로 연결시켰습니다.

그다음 세 번째에서 네 번째 동작으로 이동합니다. 처음에 나온 성질을 그대로 이용하여 밑변의 길이가 같고 높이가 같으므로 넓이가 같아집니다. 그래서 중간 크기의 정사각형은 아래로 내려와 자리를 잡게 되는 겁니다.

같은 방법으로 나머지 작은 사각형도 아래로 내려와 둥지를 틀면 다음과 같은 그림이 완성됩니다.

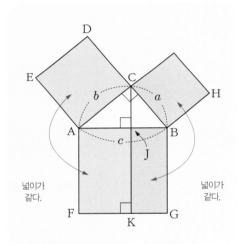

1. 다음 그림은 직각삼각형 ABC의 각 변을 한 변으로 하는 정사각형을 그린 것입니다. 색칠한 부분의 넓이를 구하세요.

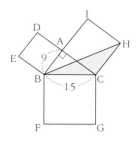

[풀이와 답 : 중학수학 7–1]

2. 다음 그림은 직각삼각형의 각 변을 한 변으로 하는 정사각형을 그린 것입니다. 색칠한 부분의 넓이를 구해보세요.

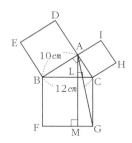

[풀이와 답 : 중학수학 7–2]

2. 삼각형의 변과 각 사이의 관계

삼각형은 크게 직각삼각형, 둔각삼각형, 예각삼각형으로 나뉩니다. 예각삼각형은 세 각이 모두 90도보다 작은 각을 말하고 직각삼각형은 세 각 중 한 각만 90도면 됩니다. 둔각삼각형은 한 각만 90도 이상인 각이 있으면 둔각삼각형이라 할 수 있습니다. 지금까지 각을 통해서 세 가지 종류의 삼각형을 알아보았습니다. 이제부터 변의 길이의 크기를 가지고 둔각인지 직각인지 예각인지 알아볼 것입니다. 집중, 또 집중하세요!

$\triangle ABC$에서 변 BC는 a, 변 AC는 b, 변 AB는 c일 때, $\angle C < 90°$이면 $c^2 < a^2 + b^2$입니다.

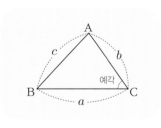

그림에서 보듯이 세 각의 크기가 모두 90도보다 작은 예각삼각형이 나왔습니다. 변의 길이만 잘 따져도 식을 세워서 정확히 예각삼각형을 구별해낼 수 있습니다. 각을 모르고도 말입니다.

가만히 생각하면 신기하지 않습니까? 각을 재지 않고도 알 수 있다는 말입니다. 이제 직각삼각형은 어떠한 식으로 만들어지는지 알아보겠습니다. 앞에서 배운 것이 나오면 상당히 반가울 겁니다.

$\angle c = 90°$ 이면 $c^2 = a^2 + b^2$

낯설지 않지요? 바로 피타고라스의 정리입니다. 이 식이 나오면 직각삼각형이 만들어집니다. 피타고라스 하면

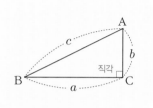

직각삼각형, 직각삼각형 하면 피타고라스.

이제 한 각만 둔각인 둔각삼각형을 알아보도록 합니다.

$\angle c > 90°$ 이면 $c^2 > a^2 + b^2$

두 개의 변보다 한 개의 변의 제곱이 크면 둔각삼각형이 됩니다. 둔각삼각형 이름처럼 괴상하게 생겼지요.

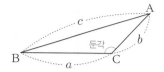

위의 식들을 거꾸로 해도 성립이 됩니다. 뭔 소리냐고요? 다음을 보면 이해가 됩니다.

$c^2 > a^2 + b^2$ 이면 C > 90

1. 다음 그림의 △ABC에서 $\angle A < 90°$ 일 때, x의 값의 범위를 구하세요.

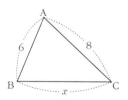

[풀이와 답 : 중학수학 7-3]

2. 다음 그림의 △ABC에서 ∠A>90° 일 때, x의 값의 범위를 구해보세요.

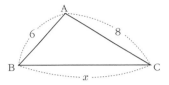

[풀이와 답 : 중학수학 7-4]

3. 피타고라스의 정리와 도형

피타고라스의 정리를 배웠으면 이집트인처럼 활용할 수 있어야 해요. 이집트인이 어디에 피타고라스의 정리를 활용했냐고요? 어디긴 어디겠어요. 피라미드를 만들 때 활용했지요. 그래서 이집트의 명물로 피라미드가 있는 것입니다. 그러면 우리도 이집트인처럼 피타고라스의 정리를 활용해보도록 하겠습니다. 두 대각선이 직교하는 사각형에서 피타고라스의 정리를 활용할 수 있습니다. 사각형 ABCD에서 두 대각선이 직교할 때, 즉 $\overline{AC} \perp \overline{BD}$ 일 때(⊥기호는 두 선분이 수직일 때 쓰는 기호입니다. 알아두세요.)

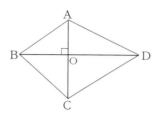

옆의 도형에서 가운데 수직이 보이나요? 이때 피타고라스는 공식을 하나 툭 던져줍니다.

$$\overline{AB^2} + \overline{CD^2} = \overline{AD^2} + \overline{BC^2}$$

위의 식은 모든 사각형에 다 성립하는 것이 아니고, 사각형의 두 대각선이 90도로 직교할 때에만 성립합니다. 그리고 식을 말로 풀어 써보면 마주 보는 변끼리의 제곱의 합은 서로 같습니다. 그림 보고 손으로 짚어가면서 이해하도록 하세요. 그다음 소개할 사각형 친구입니다. 상당히 내성적인 친구이니까 그의 속마음을 잘 이해해주도록 합시다. 내부에 임의의 한 점이 있는 직사각형의 성질입니다. 직사각형 ABCD의 내부에 있는 임의의 한 점 P에 대하여 P를 중심으로 빨간 선은 빨간 선끼리 같은 편이고 초록 선은 초록 선끼리 같은 편입니다. 이것 역시 피타고라스의 정리의 활용이라고 볼 수 있는 것은 곳곳에 직각들이 숨어 있기 때문입니다.

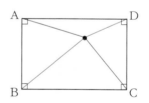

$$\overline{AP^2} + \overline{CP^2} = \overline{BP^2} + \overline{DP^2}$$

사실 한마디 더 하자면 앞의 도형이나 뒤의 도형은 서로 변신한 것이라고 볼 수 있습니다. 그들은 변신의 천재거든요. 뭔 소리냐고요? 그들의 변신 장면을 보여주면 믿겠지요.

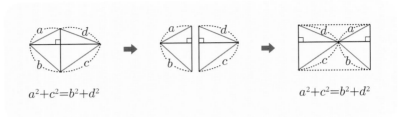

$$a^2+c^2=b^2+d^2 \qquad\qquad\qquad\qquad a^2+c^2=b^2+d^2$$

도형들의 변신 과정을 눈여겨보면 알겠죠? 무슨 말이 필요하겠어
요.

1. 다음 그림과 같은 사각형 ABCD에서 x의 값을 구하세요.

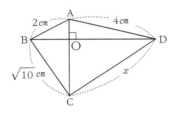

[풀이와 답 : 중학수학 7-5]

2. 다음 그림과 같은 직사각형 ABCD에서 x의 값을 구하세요.

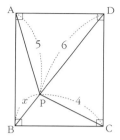

[풀이와 답 : 중학수학 7–6]

4. 직각삼각형의 닮음을 이용한 성질

직각삼각형의 닮음을 이용하여 여러 가지 변의 길이에 대한 식을 구할 수 있습니다. 일단 시험에 잘 나오는 그림부터 보고 이야기를 계속해 보도록 하겠습니다.

다시 초등학생으로 돌아가서 다음 삼각형에서 몇 개의 삼각형이 숨어 있는지 찾아봅시다. 작은 것,

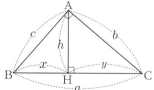

중간 것, 바깥에 제일 큰 것까지 세 가지가 있습니다. 이것들은 다 닮음인 삼각형들입니다.

$\triangle$ABC에서 $\angle$A$=90°$이고 $\overline{AH} \perp \overline{BC}$일 때

(1) 제일 큰 삼각형 ABC와 제일 작은 삼각형 HBA와 닮음이므로,

$a:c=c:x$, $c^2=ax$

비례식에서 내항은 내항끼리 외항은 외항끼리 계산하는 거 알고 있지요?

(2) 제일 큰 삼각형 ABC와 중간 크기의 삼각형 HAC도 역시 닮음이므로,

$a:b=b:y$, $b^2=ay$

(3) 제일 작은 삼각형 HBA와 중간 크기의 삼각형 HAC도 닮았으므로,

$x:h=h:y$, $h^2=xy$

(4) 이제 재미난 공식을 보여줄게요.

삼각형 ABC$=\frac{1}{2}bc = \frac{1}{2}ah$, 등식의 성질을 이용하여 $\frac{1}{2}bc = \frac{1}{2}ah$에서 양변에 똑같이 $\frac{1}{2}$을 없애줘도 돼요. 등식의 성질을 이용하면 되니까요. 따라서 $bc=ah$가 됩니다. 별로 안 신기하다고요?

1. 다음 그림에서 x, y, z의 값을 각각 구해 보세요.

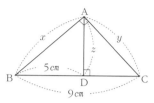

[풀이와 답 : 중학수학 7–7]

2. 다음 그림과 같이 ∠A=90°인 직각삼각형 ABC에서 $\overline{AH} \perp \overline{BC}$ 이고 선분 BH=4㎝, 선분 HC=10㎝일 때, 삼각형 ABC의 넓이를 구해보세요.

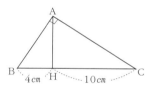

[풀이와 답 : 중학수학 7–8]

2

삼각비
삼각형의 변만 잘 따져보면 되지요

1. 삼각비의 뜻과 값

삼각비 맛을 조금이라도 본 학생들은 삼각비라는 말이 나오면 사시나무 떨듯이 떱니다. 마치 사시나무를 본 적이 있는 것처럼 말이에요. 그래서 이번 단원은 삼각비의 설명으로 들어가겠습니다. 삼각형에서 변들의 행진을 먼저 다루기로 하겠습니다. 단지 행진이니까 어렵게 생각하지 마세요. 제목은 이렇습니다.

(1) 한 예각의 크기가 같은 직각삼각형의 성질

다음 그림과 같이 세 개의 삼각형이 겹쳐져 있습니다. 뭐라고요? 한

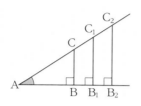

개의 삼각형밖에 보이지 않는다고요. 자세히 들여다보면 $\triangle ABC$, $\triangle AB_1C_1$, $\triangle AB_2C_2$ 로 세 개의 삼각형이 있습니다. 그런데 이 세 삼각형은 서로서로 닮음입니다. 각 A가 공통이고 각 B와 B_1, B_2가 직각으로 AA닮음입니다.

이 정도 알고 있는 상태에서 변의 길이의 비 여행을 떠나겠습니다. 분명히 말하지만 배낭은 따로 필요 없습니다. 몸과 머리만 가지고 따라오세요. 볼펜도 필요 없습니다. $\dfrac{\overline{BC}}{\overline{AC}}$ 변 AC분에 변 BC는 빗변 분의 높이입니다. 식으로 보여주면 $\dfrac{(높이)}{(빗변)}$ 가 첫 번째 여행이었습니다. 다음 여행은 두 번째 삼각형에서 이루어집니다.

$\dfrac{\overline{BC}}{\overline{AC}} = \dfrac{\overline{B_1C_1}}{\overline{AC_1}}$ 만 보면 좀 이해가 떨어집니다. 그림으로 확인해보세요. 두 번째 삼각형의 $\dfrac{(높이)}{(빗변)}$ 와 첫 번째 삼각형의 $\dfrac{(높이)}{(빗변)}$ 가 같습니다. 분수는 약분이 가능하기 때문에 같아집니다. 결국 비가 같기 때문이기도 합니다. 이해를 돕기 위해 분수의 약분 단원을 빌려와서 다시 설명합니다. $\dfrac{3}{6} = \dfrac{1}{2}$ 입니다. 이해가 되나요?

닮은 도형에서 대응하는 변의 길이의 비는 일정합니다. 그런 식으로

생각해보면 작은 삼각형, 중간 삼각형, 큰 삼각형 모두 $\dfrac{(높이)}{(빗변)}$가 같아집니다. 비가 일정하기 때문이지요.

$$\frac{\overline{BC}}{\overline{AC}} = \frac{\overline{B_1C_1}}{\overline{AC_1}} = \frac{\overline{B_2C_2}}{\overline{AC_2}} = \frac{(높이)}{(빗변)}$$

위의 관계는 $\dfrac{(높이)}{(빗변)}$ 뿐만 아니라 $\dfrac{(밑변)}{(빗변)}$, $\dfrac{(높이)}{(밑변)}$ 에서도 성립됩니다. ∠A의 크기가 일정하면 직각삼각형의 크기에 관계없이 모든 비가 일정합니다.

이제 본격적으로 삼각비의 뜻에 대해 알아보도록 하겠습니다. 앞의 여행이 분명한 도움을 줄 것입니다. 용어부터 미리 알고 들어가보도록 하겠습니다. 삼각비에는 세 명의 유명한 이름이 나옵니다. 사인, 코사인, 탄젠트로 이 이름은 한글보다는 영어로 많이 쓰입니다. 사인은 sin, 코사인은 cos, 탄젠트는 tan이라고 씁니다. 이들은 삼각비는 직각삼각형에서 기생하며 살고 있습니다. 삶의 터전이기도 하지요.

∠B=90°인 직각삼각형 ABC에서 그들이 어떻게 서식하고 있는지 알아보도록 하겠습니다.

우선 각 A의 사인을 변의 비로 표현할 수 있습니다.

$$(∠A의 사인) = \frac{(높이)}{(빗변)}$$

빗변 분의 높이라. 앞에서 우리가 한 여행 경험과 닮아 있습니다. 그렇습니다. 우리들이 함께 한 변의 길이의 비라는 여행이 바로 사인의 모험 길이었던 것입니다. 중3이 되면 이것을 영어와 섞어서 표현합니다. 그림부터 보고 표현해보겠습니다.

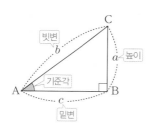

$$(\angle A의\ 사인) = \frac{(높이)}{(빗변)} \rightarrow sinA = \frac{a}{b}$$

그다음은 코사인과 탄젠트입니다.

$$(\angle A의\ 코사인) = \frac{(밑변)}{(빗변)} \rightarrow cosA = \frac{c}{b}$$

$$(\angle A의\ 탄젠트) = \frac{(높이)}{(밑변)} \rightarrow tanA = \frac{a}{c}$$

이때 $sinA, cosA, tanA$를 통틀어 '$\angle A$의 삼각비'라고 합니다. 이들의 공통점이라고 하면 다들 직각삼각형의 변의 길이의 비로 이루어져 있습니다. 그들의 주 활동 무대가 직각삼각형의 테두리인 변들입니다. 말과 영어만 나오면 이해가 어렵다는 여러분의 목소리에 수를 통해서 한 번 더 설명하기로 하겠습니다.

우리의 이해를 돕기 위한 학습도구로 직각삼각형을 하나 불러왔습니다. 자, 옆의 직각삼각형을 보고 $sinA$, $cosA$, $tanA$를 다시 구해 보겠습니다.

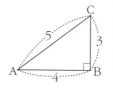

$$sinA = \frac{(높이)}{(빗변)} = \frac{3}{5},\ \ cosA = \frac{(밑변)}{(빗변)} = \frac{4}{5},\ \ tanA = \frac{(높이)}{(밑변)} = \frac{3}{4}$$

이렇게 삼각비들은 삼각형의 변을 타고 놀면서 서식하고 있습니다. 이것을 쉽게 암기하는 법이 있습니다. 그림으로 보여줄게요.

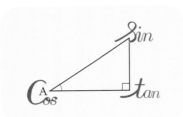

1. 다음을 구해보세요.

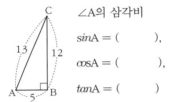

∠A의 삼각비

$sinA = ($ $),$

$cosA = ($ $),$

$tanA = ($ $)$

[풀이와 답 : 중학수학 7–9]

2. 다음 빈칸에 알맞은 것을 써 넣으세요.

∠B=90° 인 직각삼각형 ABC에서 $\dfrac{\overline{BC}}{\overline{AC}}$, $\dfrac{\overline{AB}}{\overline{AC}}$, $\dfrac{\overline{BC}}{\overline{AB}}$ 를 각각 ∠A의 (   ), (   ).

(   )라 하고, 이것을 기호로 각각 (   ), (   ), (   )와 같이 나타냅니다. 이를 통틀어 ∠A의 (   ) 라고 합니다.

[풀이와 답 : 중학수학 7–10]

2. 삼각비를 이용한 높이

한 아이가 승태쌤을 줄기차게 따라다니면서 쓸데없이 이 어려운 삼각비를 왜 배우냐고 물어봅니다. 그래서 승태쌤은 우리 동네에 있는 제법 높은 산의 높이를 직접 오르지 않고 구할 때 삼각비를 이용한다고 말해주었습니다. 그랬더니 이번에는 어떻게 구할 수 있냐고 또 귀찮게 물어오네요. 그래서 다음 설명을 잘 읽어보면 알 수 있다고 해주었지요.

(1) 직각삼각형에서 변의 길이 구하기

직각삼각형에서 한 변의 길이와 한 예각의 크기를 알면, 삼각비를 이용하여 나머지 두 변의 길이를 알 수 있습니다. 산의 높이 역시 우리가 구하는 변의 길이에 들어갑니다.

∠B=90°인 직각삼각형 ABC에서

(1) 각 A의 크기와 빗변의 길이 b를 알 때, a의 길이를 아는 방법은 를 기준 각으로 할 때, a는 높이이므로 $sinA = \dfrac{a}{b} \rightarrow \dfrac{(높이)}{(빗변)}$ 입니다. 다음 그림을 보세요.

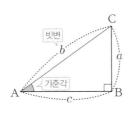

따라서 구하는 a는 $sinA = \dfrac{a}{b}$라는 식을 이용하여 $a=bsinA$가 됩니다. 이 변신 과정이 이해 안 되는 학생은 등식의 성질을 이용해서 계산해보겠습니다. $sinA = \dfrac{a}{b}$에서 양변에 b를 곱해주면 $a=b$ $sinA$이 나옵니다.

이제 c의 길이를 알고 싶습니다. c가 포함되어 있는 변은 밑변입니다. 밑변을 포함시키고 있는 삼각비로는 cos(코사인)이 있습니다. $\angle A$ 를 기준 각으로 할 때, c는 밑변이므로

$$cosA = \frac{c}{b} \rightarrow \frac{(밑변)}{(빗변)}$$

따라서 등식의 성질을 이용하면 $c=bcosA$가 됩니다. 힘들어 숨을 헐떡이는 친구들을 위해 수를 이용하여 설명을 추가할게요. 수학에서 수가 등장하여 이렇게 반가울 때가 있나요. 세상 이치가 그렇습니다. 어려운 것을 겪고 나면 나머지 일은 수월해 보입니다. 다음 그림의 삼각형 ABC에서

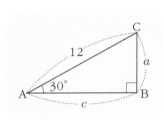

$sin30° = \frac{a}{12}$ $\therefore a=12sin30°=6$입니다.

그런데 의문 하나가 있습니다. 왜 $sin30°$가 $\frac{1}{2}$이 되는 거지요? 윽, 거기에 대한 설명은 한참 길어질 수 있으니 중3 이 되면 꼭 외워야 할 표를 하나 보여줄게요.

삼각비 \ A	30°	45°	60°	반드시 암기
$sinA$	$\frac{1}{2}$	$\frac{\sqrt{2}}{2}$	$\frac{\sqrt{3}}{2}$	→ sin 값은 점점 커지네!
$cosA$	$\frac{\sqrt{3}}{2}$	$\frac{\sqrt{2}}{2}$	$\frac{1}{2}$	→ cos 값은 점점 작아지네!
$tanA$	$\frac{\sqrt{3}}{3}$	1	$\sqrt{3}$	→ tan 값은 계속 커지네!

$tan\mathrm{A} = \dfrac{sin\mathrm{A}}{cos\mathrm{A}}$ 이므로 사인과 코사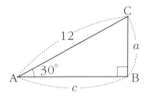

인 식을 분수로 두면 외우지 않아도 계

산을 통해 구할 수 있습니다. 또, $sin30°$

$=cos60°$, $sin45°=cos45°$, $sin60°=$

$cos30°$이므로 몇 개만 알고 있으면 전체를 다 이해할 수 있습니다.

다시 삼각형으로 돌아와서 $cos30° = \dfrac{c}{12}$ $\therefore c=12cos30° = 6\sqrt{3}$입

니다. $cos30°$의 값은 $\dfrac{\sqrt{3}}{2}$이라고 표에 있습니다.

1. 다음 직각삼각형에서 x, y의 값을 주어진 각의 삼각비와 변의 길이를
   이용하여 각각 나타내세요.

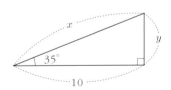

[풀이와 답 : 중학수학 7–11]

2. 다음 그림의 직각삼각형 ABC에서 x, y의 값을 주어진 삼각비의 값을 이용하여 각각 구하세요.

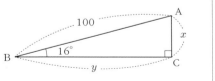

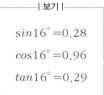

| 보기 |

$sin16° = 0.28$

$cos16° = 0.96$

$tan16° = 0.29$

[풀이와 답 : 중학수학 7-12]

3. 삼각비를 이용한 넓이

삼각비를 이용하면 삼각형의 넓이를 구할 수 있습니다. 단 조건이 있어요. 두 변의 길이와 그 끼인각의 크기를 알면 삼각형의 넓이를 구할 수 있습니다. 삼각형의 높이를 몰라도 넓이를 구할 수 있다는 것이 얼마나 놀라운 일입니까? 초등학생일 때는 반드시 삼각형의 높이를 알아야 넓이를 구할 수 있었습니다. 높이 없이 구해지는 삼각형의 넓이를 예를 들어보겠습니다.

그림을 보면 삼각형 ABC에서 높

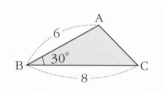

이는 나오지 않았지만 넓이를 구할 수 있습니다. 일단 공식부터 알아보 겠습니다.

$$\triangle ABC = \frac{1}{2} \times 6 \times 8 \times sin30° = 12$$

놀랍지요? 그런데 $sin30°$을 모른다고요? 아까 보여준 표에서 찾으 면 됩니다. 돌아서면 잊어버리는 게 사람이니까 괜찮아요. 위에서 찾아 보세요. 왜 그런 식이 나오게 되었는지 또 다른 그림 하나를 더 보겠습 니다. 잘 이해해보세요.

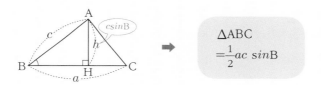

높이 h의 정체는 삼각비 사인에서 나온 것입니다. 높이가 숨겨져 있 었지요. 멋지지 않나요? 나머지는 삼각형의 넓이를 구하는 공식과 같습 니다.

1. 다음 그림과 같은 삼각형 ABC의 넓이를 구하세요.

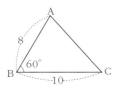

[풀이와 답 : 중학수학 7-13]

2. 다음은 둔각삼각형에서 두 변의 길이와 그 끼인각의 크기가 주어졌을 때, 삼각형의 넓이를 구하는 과정입니다. 빈칸에 알맞은 것을 써넣으세요.

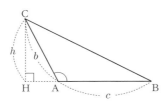

$\triangle ABC$에서 두 변의 길이가 b, c이고

그 끼인각의 크기가 $\angle A$이므로

$\angle CAH = ($ $)$

$\triangle CAH$에서 $sin(180° - A) = \dfrac{(\quad)}{(\quad)}$ 이므로

$h = ($ $)$

$\therefore \triangle ABC = ($ $)$

[풀이와 답 : 중학수학 7-14]

3

원의 성질
원과 각의 한판 승부!

1. 원과 현

원에 대해서 생각하면 보통은 3.14에
대한 깊은 아픔만 떠오를 것입니다. 하
지만 이제부터는 안심하세요. 여기서는
3.14에 대한 이야기는 죽는 한이 있더라
도 안 할 겁니다. 원의 중심에서 현에 내

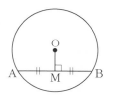

린 수선은 그 현을 이등분합니다. 그림을 올려다보고 다시 말하면 현은
그림상에서 선분 AB입니다. 가운데 탁 박혀 있는 원점 O가 아래로 수
직이 되게 내려오면 선분 AM과 선분 BM의 길이가 같아집니다. 별것
아닌 것 같아도 이 성질은 원의 문제를 해결하는 데 많이 쓰입니다. 공

부를 좀 한다는 친구는 이런 이유에 의문을 가집니다. 그 친구를 위해 왜 그렇게 되는지 삼각형의 합동조건을 이용하여 증명을 해 보이겠습니다. 그림 하나를 살펴보면서 그 이유에 따져보도록 합니다.

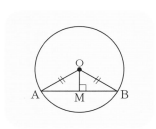

원점 O에서 점A와 점B에 연결하여 반지름을 두 개 만들었습니다. 이렇게 하여 두 개의 삼각형이 만들어졌습니다. 삼각형 AOM과 삼각형 BOM입니다. 왠지 합동이라고 생각되지만 수학에서 왠지라는 말은 통하지 않습니다. 두 삼각형이 같아지면 자동으로 선분 AM과 선분 BM이 같아지겠지요. 그렇다면 우리는 두 삼각형이 합동이 되는 조건을 그림 속에서 찾아보도록 합니다.

삼각형의 합동조건에는 세 변의 길이가 같으면 합동이 되는 SSS, 두 변과 끼인각의 조건인 SAS, 한 변과 양 끝 각의 조건인 ASA가 있습니다. 이 경우는 아쉽게도 세 가지 경우에 모두 해당되지 않습니다. 아, 너무 실망하지 마세요. 우리가 이 문제에 적용시킬 조건은 직각삼각형의 합동조건인 RHS입니다. 뭔가 무시무시한 느낌이 들지요. 별로 어렵지 않으니 안심하세요. R은 직각이라는 뜻으로 그림상에서 보면 점 M을 중심으로 양쪽에 직각이 보이지요. 그럼 R은 찾았습니다. 그다음으로 H는 빗변입니다. 빗변이란 직각을 마주 보는 변으로 위 삼각형에서는 반지름에 해당됩니다. 두 반지름이 같으니 이 조건도 만족하게 됩니다. 반지름 OA와 반지름 OB, 그리고 나머지 하나의 조건으로 S가 있습니다. S는 변으로 하나의 같은 변은 어디 있나요? 저기 공통변으로 선분 OM이 보이네요. 그래서 삼각형 OAM과 OMB는 합동이 되었습니다. 합동이 되면 모든 변의 길이는 같으므로 선분 AM과 선분 BM은 같아지는 것은 당연합니다. 참고로 원에서 현의 수직이등분선은 그 원의 중심을 지납니다.

자, 이제 현의 길이에 대해 알아보도록 하겠습니다. 한 원 또는 합동인 두 원에서 원의 중심으로부터 같은 거리에 있는 두 현의 길이는 서로 같습니다. 다음 그림을 보겠습니다.

원의 중심에서 선분 OM과 선분 ON의 길이가 같으면 선분 AB와 선분 CD의 길이가 같아집니다. 이것 역시 RHS 합동으로 증명할 수 있습니다. 다음 그림을 보세요.

두 직각삼각형이 보이지요. 일단 직각
끼리 같고 R, 그다음 빗변인 반지름의 길
이가 같으므로 H. 다음으로 주어진 선분
OM과 선분 ON의 길이가 같으므로 RHS
합동이 되었습니다. 현의 수직이등분선
의 성질에 의해서 원의 중심으로부터 같은 거리에 있는 두 현의 길이는
같게 된다는 것을 알았습니다.

1. 다음 그림에서 x의 값을 구하세요. 이론은 어렵지만 문제는 쉬워요.

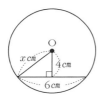

[풀이와 답 : 중학수학 7-15]

2. 다음 그림의 원 O에서 x의 값을 구하세요.

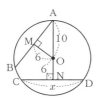

[풀이와 답 : 중학수학 7-16]

2. 원의 접선

원의 접선은 그 접점을 지나는 원의 반지름에 수직입니다. 뭔 소리냐고요. 그림을 보고 이야기를 계속해보도록 하겠습니다.

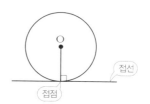

이제 다시 이야기 해볼게요. 원의 중점에서 죽 내려오면 점점이 생깁니다. 그다음 접선을 그어 그리면 만나는 곳에 수직이라는 각이 생깁니다. 당연한 것 같아도 이것을 이용하는 곳이 많아 그 현장을 직접 찾아가보도록 하겠습니다. 다음이 그 첫 번째 현장입니다.

원과 놀고 있는 직각삼각형이 보이지요. 직각이 생긴 이유가 바로 원의 접선과 반지름, 그리고 원의 중심 사이의 절묘한 효과입니다. 다음은 두 번째 현장 탐사입니다.

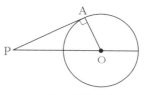

△PAO는 직각삼각형

이제는 원이 사각형과 놀고 있네요. 두 군데의 직각이 보입니다. 그래서 나머지 두 각의 합이 180도가 됩니다. 왜일까요? 사각형의 내각의 합은 360도이니까 그런 것입니다.

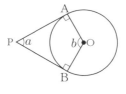

$\angle a + \angle b = 180°$

이제 한 단계 업그레이드하여 원의 접선의 길이에 대해 알아보도록 하겠습니다. 접선의 길이는 원 밖의 한 점 P에서 원 O에 접선을 그었을 때 점 P에서 접점까지의 거리인데 두 개가 생기고 그 길이가 반드시 같아집니다.

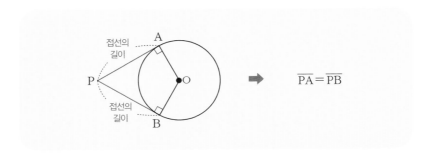

그런데 왜 같아지는지 알아야 합니다. 상당히 중요한 부분이라 자세히 설명하겠습니다.

삼각형의 합동을 이용하면 옆의 그림과 같이 두 개의 삼각형이 합동임을 알 수 있습니다. 그래서 원 밖의 한 점에서 이르는 두 접선의 길이는 같아집니다. 앗, 그리고 한 가지 사

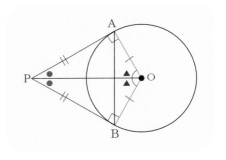

실 하나를 추가합니다. 삼각형 PAB는 이등변삼각형입니다. 당연한 것 같아도 이 문제 역시 잘 나옵니다.

1. 다음 그림의 x의 값을 찾으세요.

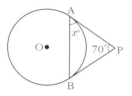

[풀이와 답 : 중학수학 7–17]

2. 다음 사각형의 둘레는 얼마인가요?

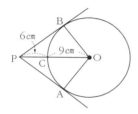

[풀이와 답 : 중학수학 7–18]

3. 원주각

일단 말뜻부터 알고 넘어가야지요. 원주각이라는 말은 뾰족한 꼭지각이 원주 위에 있는 각을 말합니다. 뾰족한 꼭지각이 중심에 있을 때는 중심이라는 말을 따와서 중심각이라고 부르지요. 그림을 보세요.

같은 호 AB에 대하여 원주각과 중심각이 그림에서 잘 보입니다. 멋지게 생겼네요. 원주각과 중심각 사이의 관계도 중요하게 다루는데 그 관계를 따져보겠습니다. 한 원에서 한 호에 대한 원주각의 크기는 그 호에 대한 중심각

의 크기의 $\frac{1}{2}$ 입니다. 쉽게 말하면 원주각이 20도면 중심각이 40도로 두 배가 된다는 뜻입니다. 중심각보다는 원주각이 반으로 작아지는 성질을 꼭 기억하세요. 원주각과 중심각에 대한 이야기는 이쯤에서 끝내고, 원주각의 성질에 대하여 알아보면 한 원에서 한 호에 대한 원주각의 크기는 모두 같습니다. 그림으로 보면서 이해하세요.

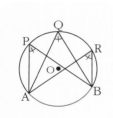

호 AB에 대한 중심각은 하나로 정해지지만 원주각은 무수히 많습니다. 또 하나, 원주각에 대해 전해져오는 유명한 전설이 있습니다. 반원에 대한 원주각의 크기는 항상 90도입니다.

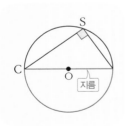

지름을 한 변으로 하고 원에 내접하는 삼각형은 직각삼각형입니다. 이제 마지막으로 원주각의 크기와 호의 길이에 대한 관계를 물고 늘어지겠습니다.

같은 길이의 호에 대한 원주각의 크기는 서로 같습니다. 그리고 원주각의 크기와 호의 길이는 서로 비례합니다. 하지만 원주각의 크기와 현의 길이는 서로 비례하지 않습니다.

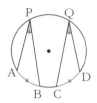

1. 다음 그림에서 x의 값을 구해보세요.

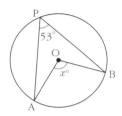

[풀이와 답 : 중학수학 7-19]

2. 다음 그림에서 x의 값을 구해보세요.

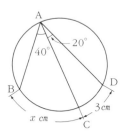

[풀이와 답 : 중학수학 7-20]

1일 중학수학(1) 중학수학 1의 기초를 다지자

[중학수학(1) 1-1 :: P.17]

문제를 풀기 전에 일단 생각을 해야 해요. 소인수가 뭐지요? 소수를 말합니다. 그럼 ❹번은 아닙니다. 왜냐하면 1이 들어 있기 때문입니다. 1은 소수가 아니라고 약속했습니다. 앞에서 우리도 그 약속을 읽었습니다. 그다음으로 300을 소인수분해 해 보겠습니다.

$300 = 2^2 \times 3 \times 5^2$의 거듭제곱 꼴로 나옵니다. 또다시 알아두세요. 소인수는 위에 쥐처럼 작은 수는 떼고 생각해야 합니다. 위에 조그만 수는 소인수가 아니라 지수입니다. 지금 우리가 찾고 있는 것은 소수인 약수입니다. 밑에 있는 큰 수들만 소수, 즉 소인수들입니다. 그렇게 생각하면 5^2에서 소인수는 5만 됩니다.

파리채를 가지고 $300 = 2^2 \times 3 \times 5^2$에서 위에 붙어 있는 지수들을 떼내고 뚝뚝 떨어뜨려 놓으면 그게 바로 소인수들입니다. 휘어이! 그리고 남은 수들 2, 3, 5가 소인수입니다. 답은 ❸번입니다.

[중학수학(1) 1-2 :: P.17]

소인수를 찾기 위해 위의 파리처럼 붙어 있는 지수 떼기 용 파리채 준비하세요. ❷와 ❹에 붙어 있는 파리같이 작은 수는 잡아버리고 없애주세요. 소인수에는 파리같이 작은 수를 떼내고 생각합니다.

그다음으로 360을 소인수분해하면 됩니다. 그런데 소인수분해가 뭐지요? 수학은 금방 까먹습니다. 다시 말할게요. 소수로 나누어 거듭제곱 꼴로 나타내는 것이 소인수분해입니다.

$360 = 2^3 \times 3^2 \times 5$이므로 '휘이' 하고 파리 날려보내고 뚝뚝 떼내면 2, 3, 5가 소인수입니다. 답은 ❷번과 ❹번입니다. 지수가 붙어 있는 상태는 소인수가 아닙니다. 아이고, 또 잊어버렸지요. 지수는 수 위에 조그맣게 붙어 있는 수입니다. 이 수의 역할은 아래 수만큼 곱하라는 것입니다. 하나 볼까요?

3^2은 3×3으로 3을 두 번 곱하는 것입니다. 지수는 여러 번 곱한 상태를 간단하게 나타낼 수 있도록 만든 수학적 도구입니다.

[중학수학(1) 1-3 :: P.19]

우리는 양의 정수를 자연수라고 부릅니다. +2는 양의 정수가 맞아요. 그럼 7은 뭘까요? 앞에서 이야기했듯이 적외선카메라를 들이대면 +7이 돼요. 그래서 7도 양의 정수입니다. 양의 정수 앞에 +(플러스라고 읽는다.)는 써도 되고 안 써도 돼요.

음의 정수는 자연수 앞에 −(마이너스라고 읽습니다.)를 붙인 수입니다. −4와 −1이 그 답입니다. 답은 양의 정수 +2, 7, 음의 정수 −4, −1입니다.

* 0은 양의 정수도 음의 정수도 아닙니다. 그냥 정수입니다.

[중학수학(1) 1-4 :: P.19]

정수인 것은 −2, 0, $\frac{4}{2} = 2$이므로 정수가 아닌 것은 ❸, ❺번입니다.

* 약분해서 나누어지면 $\frac{4}{2} = 2$이므로 정수입니다.

우리가 이 문제를 접하기 전에 하나 알아두어야 할 수학적 지식이 필요합니다. 앞에서도 말했지만 내 입이 아프더라도 중요하기에 다시 말합니다.

대응이라는 뜻인데 아주 쉽게 말하면 수직선이라는 여의봉 위에 점을 찍어서 나타내는 행위를 수학적으로 대응이라고 합니다.

❶번에서 점 A(+5)는 0을 중심으로 오른쪽으로 5칸 이동하여 점을 찍으라는 뜻입니다. 점을 찍는 행위는 뭐라고요? 그렇지요. '5에 대응한다'라고 말합니다. 이 말이 계속해서 나오니 알아두도록 합니다. 대응!

B(−4) 찾기는 +가 0을 중심으로 오른쪽으로 옮기는 것이라면 −는 0을 중심으로 왼쪽으로 이동하는 것을 말합니다. 원점 0을 중심으로 왼쪽으로 4칸 이동하여 대응시키면 우리가 찾는 점 B(−4)가 나타납니다. 잘 찾으면 반가움을 느낄 것입니다. 그리고 또 하나, 기준이 꼭 0만 있는 것이 아닙니다. 수학에서 기준은 정하기 나름입니다. 우리를 혼란스럽게 만들지만 수학의 속성이니 우리가 적응해야지요.

❷번에서 '−2에서'라는 말이 나오면 그 기준을 −2에서 생각하라는 뜻입니다. 그리고 오른쪽이라는 말이 나왔지요. 수학에서 오른쪽은 +입니다. 그러니까 식으로 표현해보겠습니다. −2를 쓰고 +2(만큼) 떨어져 있는 수입니다. −2에서 오른쪽으로 2칸 이동한 수는 계산해보거나 수직선에서 생각해보면 0이 됩니다. 왼쪽으로 2만큼 갔다가 다시 오른쪽으로 2만큼 가니까 제자리걸음이 되었습니다.

❸번 문제는 간단합니다. 1을 기준으로 왼쪽으로, 왼쪽은 −(마이너스)이고 1−3은 1에서 왼쪽으로 세 칸 이동하라는 뜻이니 답은 −2가 됩니다. 정리해보면 +는 기준에서 오른쪽으로, −는 기준에서 왼쪽으로 이동하라는 뜻입니다.

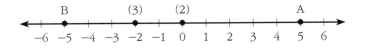

[중학수학(1) 1-6 :: P.20]

수직선에서 원점을 0으로 잡으면 −(마이너스)가 붙은 수가 커질수록 작아집니다. 예를 들어 −3이 −2보다 작아서 더 왼쪽입니다. 당연한 이야기입니다. −(마이너스)는 왼쪽으로 간다는 뜻이니까요. −3은 0에서 왼쪽으로 3칸을 이동합니다. 원점에서 왼쪽으로 멀어질수록 작아집니다. 그런 식으로 생각해보면 −3, −2, −1, 0, 1, 2로 순서가 정해집니다. 답은 −1입니다.

[중학수학(1) 1-7 :: P.23]

❶번의 양수라는 말은 양의 정수라는 뜻이 아니고 양의 유리수라는 뜻입니다. 승태쌤도 많이 헷갈렸는데 조심하세요. 양수는 앞에 +가 있거나 없으면 아무 생각할 것도 없이 양수입니다. ❶번의 답은 $+4, 1.17, +\frac{6}{2}$으로 3개입니다.

❷번의 정수는 나누어지는 놈도 포함해야 합니다. 조심하세요. 시험에 백발백중 출제됩니다. 일단 +4는 정수, 앞에 말한 놈이 바로 이놈입니다. $+\frac{6}{2}$는 분수처럼 보이지만 약분하면 3이 됩니다. 그래서 이놈의 정체는 유리수가 아니라 정수입니다. 속지 마세요. 또한 −8도 정수입니다. 따라서 정수는 3개입니다. ❸번의 유리수는 몽땅 다 유리수입니다. 유리수는 대가족입니다. 몽땅 다 몇 개지요? 그렇습니다. 6개입니다. ❹번의 자연수는 양의 정수를 뜻하니 +4와 나누어서 양의 정수가 되는 $+\frac{6}{2}$로 2개입니다.

[중학수학(1) 1-8 :: P.24]

❶번은 정수가 모두 3개라는데 찾아볼까요? 약분되는 정수알죠. $\frac{4}{2}=2$, 그래서 정수는 $\frac{4}{2}$와 0과 −3으로 3개입니다. 답이 맞습니다.

❷번의 양의 유리수는 $\frac{4}{2}, +\frac{1}{3}$로 2개 맞습니다. 잠깐 $\frac{4}{2}$는 약분하면 2로 정수라면서요? 그래요, 정수도 유리수입니다. 그래서 앞에 +가 생략되어 있는 유리

수라고 할 수 있습니다. '아하, 정수를 유리수라고 부를 수 있구나.' 그렇습니다. 그렇지만 유리수는 정수라고 부르면 안 돼요. 정리해보겠습니다. 정수는 유리수 가 되는데 유리수는 정수라고 부르면 안 됩니다. 왜냐면 정수보다 유리수가 훨씬 큰 집단이거니와 유리수가 정수를 포함하기 때문입니다. 정수가 유리수를 포함하 는 것이 아니라서 그렇습니다.

❸번의 음의 유리수는 $-5.5, -\dfrac{5}{4}, -3$으로 3개 맞습니다. 음의 정수도 음의 유리수가 됩니다.

❹번은 모두 다 유리수입니다. 그러니까 총개수는 6개로 틀렸습니다. ❺번의 자연수는 1개 맞습니다. 자연수는 양의 정수니까 $\dfrac{4}{2}$를 약분시키면 2가 됩니다. 2 는 앞에 +가 생략되어 있습니다. 이거, 자연수 맞습니다. 그래서 답은 ❹번입니다.

[중학수학(1) 1-9 :: P.26]

차례대로 정리해나갑니다. 나누기는 분수로 $\dfrac{b}{4}$ 입니다. 그다음으로 옆의 문자 (a)가 분자 위로 가면서 곱하기 기호(×)는 사라집니다. $\dfrac{ba}{4}$ 를 좀 더 정리하여 ba 를 ab로 바꿔주면 더욱 좋습니다. 답은 $\dfrac{ab}{4}$ 입니다.

[중학수학(1) 1-10 :: P.26]

일단 $a \div b \div c$ 를 고쳐보겠습니다. 뒤의 문자는 분모로 내려가서 곱해집니다. 복잡하게 생각 말고 암기해두세요.

$$a \div b \div c = \dfrac{a}{b} \div c = \dfrac{a}{b \times c} = \dfrac{a}{bc}$$

위 식처럼 진화되는 과정을 잘 알아야 문자와 식의 계산을 마스터할 수 있습 니다. 나누기는 분모로 가서 곱해집니다. 초등학교 때 배운 사칙계산의 순서 기억 나나요? 기억 안 나도 상관은 없어요. ()가 있으면 괄호를 먼저 계산해야 합니다.

❶번 풀이 들어갑니다. 괄호가 보이지요. 괄호부터 계산하도록 합니다. 괄호 안의 나누기는 분수로 나타내면 $b \div c = \dfrac{b}{c}$ 입니다. 그 다음 눈을 돌려 앞으로 $a \div \dfrac{b}{c}$ 이 상태를 문자들로만 보니 무섭게 보이지요. 괜찮습니다. 초등학교 때 기억을 되살려 보세요. 나누기 뒤의 분수는 분모와 분자를 바꾸어 곱셈으로 해주면 됩니다. 어렴풋이 기억나지요. $a \div \dfrac{b}{c} = a \times \dfrac{c}{b}$ 로 고쳐집니다. 여기서 문자 a는 분자로 올라가서 곱해주면 끝입니다.

$a \times \dfrac{c}{b} = \dfrac{a \times c}{b} = \dfrac{ac}{b}$ 로 답이 아닙니다.

❷번은 $a \div b \times c$ 에서 괄호가 없으면 앞에서부터 계산합니다. 나누기는 분수로 $a \div b = \dfrac{a}{b}$. 그 다음으로 $\times c$는 분자로 올립니다. $\dfrac{a \times c}{b} = \dfrac{ac}{b}$ 로 답이 아닙니다. ❸번의 곱하기는 곱하기를 없애고 붙여요. ab, 그 다음 나누기는 분수로 $ab \div c = \dfrac{ab}{c}$ 도 우리가 찾는 모습이 아닙니다. ❹번의 $a \div (b \times c)$에서 괄호가 보이지요. 그럼 괄호부터 먼저 계산합니다. $b \times c = bc$ 그 다음 눈을 앞으로 돌려 나누기 부분을 분수 모양으로 만들면 $a \div bc = \dfrac{a}{bc}$입니다. 그래요, 이 모양이 우리가 찾는 모양입니다.

끝까지 풀이 다 해보겠습니다. ❺번은 곱하기는 본드 필요 없이 곱하기 기호를 없애고 딱 붙여줍니다. $a \times b \times c = abc$도 답은 아닙니다. 그래서 답은 ❹번입니다.

[중학수학(1) 1–11 :: P.27]
❶번을 먼저 풀이해봅니다. 그런데 식의 값을 계산할 때 생략되어 있는 곱셈의 기호를 되살려서 계산하는 것이 실수를 줄입니다. $5x$는 $5 \times x$가 원래의 모습입니다. 누군가 승태쌤에게 '곱셈 기호를 다시 드러나게 만들어 주세요.'라고 한다면 x에 2를 대신 넣어보겠습니다. 아참, 수를 대신 넣는 것을 뭐라고 했지요. 대입이죠. 대입해보겠습니다. $5 \times x \rightarrow 5 \times 2 = 10$ 에서 x 대신에 2를 넣으니 10이 되었습니다. 차근차근 해 보니 별로 힘들지 않았습니다.
❷번에서는 생략된 곱하기 기호는 없습니다. 그냥 2를 바로 대입해도 됩니다.

그래서 그대로 2를 넣어서 계산하면 2−6으로 2에서 음수 방향으로 6만큼 이동하면 2의 작용을 받아서 음수 방향으로 4만큼 움직인 −4가 답이 됩니다.

$$2-6=-4$$

수직선으로 보겠습니다.

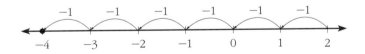

$$2-6=-4$$

❸번 풀이 들어갑니다. $10-3x$에서 생략된 ×곱셈 기호를 살려 내서 계산을 합니다.

$$10-3 \times x \rightarrow 10-3 \times 2=10-6=4$$에서 계산의 결과는 4입니다.

❹번 풀이입니다. 이것은 분수 모양입니다. 분수 모양에서 생략된 기호는 뭐지요? 그렇습니다. 나누기입니다.

$$\frac{4}{x}=4 \div x \rightarrow 4 \div 2 = 2$$

[중학수학(1) 1−12 ∷ P.28]

❶번 풀이입니다. 승태쌤이 앞에서 설명했지요. 음수를 대입할 때는 조심해야 합니다. 반드시 음수를 괄호로 포장해서 대입해 주세요. 하지만 ❶번에서는 그런 상황은 아닙니다. 그냥 대입해도 됩니다. 하지만 습관화시키기 위해 −3을 괄호로 싸서 넣는 습관을 기릅시다. 이렇게 (−3)처럼 말입니다.

$$6a+3 \rightarrow 6 \times (-3)+3=-18+3=-15$$

❷번 풀이에서 승태쌤이 우려했던 일들이 벌어집니다. 하지만 우리는 알고 있습니다. 음수를 대입할 때 괄호를 쳐서 대입하면 아무 탈이 없다는 것을 말입니다. 그래서 (−3)으로 만들어 대입합니다. 다음을 보겠습니다.

$$-a+7 \rightarrow -(-3)+7=+3+7=+10$$

이렇게 계산했다면 별 일 없이 계산이 완성됩니다. 우리가 −3을 안전하게 괄호를 쳐서 넣었기 때문입니다. 그래서 부호 두 개의 충돌에서 큰 피해가 없었던 것입니다. 안 그랬으면 − −3이라는 이상한 모습이 생겨날 뻔 했습니다. −(−3)이 자연스럽게 +3이 된 것입니다.

−(마이너스)와 −(마이너스)가 만나면 +로 변한다는 수학의 초 현상을 이해하도록 하세요. 이해가 안 되면 외워야 합니다. 이런 수학적 암기는 중학생이 되는 과정의 하나입니다.

❸번 3−2a=3−2×a에서 생략된 곱하기를 눈에 보이게 써주세요. a 자리에 (−3)을 대입하면 됩니다. 3−2×(−3)에서 곱하기부터 계산해야 합니다. 무턱대고 앞에서 차례로 계산하면 안 됩니다. 틀린 결과가 나옵니다. 반드시 사칙계산의 순서를 생각하여 곱하기부터 해야 합니다.

$3-2 \times (-3)$

$=3+6=9$

2곱하기 3이 6이 되는 것은 알겠는데 갑자기 더하기의 등장에 많이 당황하셨어요? 수만 곱해지는 것이 아니라 −(마이너스)와 −(마이너스)도 곱해야 합니다. 부호끼리도 곱할 수 있습니다. 부호를 곱하는 것은 중학생이 되는 성숙한 과정입니다. 마이너스 곱하기 마이너스는 +가 됩니다.

❹번 에서 생략된 나누기를 보지 말고 바로 a에 −3을 대입해 봅시다. 괄호는 안 써도 됩니다. 헷갈리면 괄호를 쳐도 좋아요. 하지만 오늘은 기분 상 괄호를 치지 않겠습니다.

$$\frac{3}{a} \rightarrow \frac{3}{-3} = -1$$

[중학수학(1) 1-13 :: P.32]

❶번 풀이입니다. 에, 방정식을 찾으라고 했는데 눈을 씻고 찾아봐도 ❶번의 식은 등호가 보이지 않습니다. 방정식은 등호의 자식이기 때문에 반드시 등호가

있어야 합니다. 기억하도록 합니다. 방정식은 등호가 있어야 합니다. 그래서 ❶번은 답이 아닙니다.

❷번은 등호도 있고 x라는 잘생긴 미지수도 보이니까 이것은 방정식이 맞습니다. 이게 우리가 찾고 있는 방정식입니다. 그래서 답입니다. ❸번에서 x라는 잘생긴 미지수가 보이는데 그런데 ≥ 이 기호가 보입니다. 이것은 무엇일까요? 등호는 아닌 것 같습니다. 이 기호는 부등호라고 부릅니다. 부등호는 크기 관계를 나타내는 기호입니다. 그래서 이 식을 부등식이라고 부르고 방정식은 아닙니다.

❹번은 조심해야 합니다. 평화주의자 등호(=)가 보이는데 잘생긴 그놈 x는 어디 갔을까요? 미지수 x말입니다. 아무래도 보이질 않습니다. 그래서 이 식은 방정식이 아닙니다. 등호도 있고 미지수 x도 있어야 진정한 방정식입니다.

❺번 풀이는 정신 바짝 차려야 합니다. $2x+7$인 등호의 왼쪽은 남겨두고 $2(x+3)+1$인 오른쪽을 정리해보겠습니다. 수학은 정리가 중요합니다. () 밖의 2를 x와 3에 두 번 넘나들며 곱해줍니다. 그러면 $2x+6+1$이 됩니다. 여기서 6과 1을 다시 더해서 정리하면 $2x+7$이 됩니다. 오른쪽과 왼쪽이 같아졌지요. 그래서 이 식은 특별히 좌변과 우변이 같아지는 항등식이 됩니다. 항등식은 등식은 맞지만 방정식은 아닙니다. 방정식은 좌변과 우변이 달라야 합니다.

[중학수학(1) 1–14 ∷ P.32]

풀이에 들어가기 전에 우선 일차라는 뜻을 알아야 합니다. 일차는 미지수 x의 차수가 1인 것을 말합니다. 그런 문제점이 살짝 있습니다. $x^1=x$로 표현되기 때문입니다. 차수 1은 생략되어 나타납니다. 그래서 약간 헷갈리는 것입니다. 그러나 이차부터는 생략할 수 없습니다. 이차항은 반드시 차수 2를 써야 합니다. x^2의 형태로 말이지요. 일차항의 차수만 생략할 수 있습니다.

❶번은 잘생긴 미지수 x가 없으니 이것은 일차방정식이 아닙니다. (X)

❷번은 잘생긴 미지수 x가 있기는 한데 좀 묘한 위치에 있네요. 여기서 확실히

해두겠습니다. 분자에 x가 있으면 일차가 맞지만, 분모에 x가 있으면 일차가 아닙니다. 같은 x라고 하더라도 분모에 있느냐, 분자에 있느냐에 따라 다릅니다. 분모에 있으면 안 됩니다. 이 식은 분모에 x가 있어서 일차방정식이 아닙니다. (X)

❸번은 얼핏 보면 x^2이 있어서 이차처럼 보입니다. 하지만 수학의 힘은 정리의 힘이라고 말했습니다. 정리를 해보겠습니다. 방정식은 이항을 해보면 그 모습이 뚜렷해집니다. 그런데 이항이란 무엇입니까? 이항이라는 것은 수들과 문자를 한쪽으로 치우는 것을 말합니다. 아무 곳이나 한곳으로 치우면 되지만 오늘은 오른쪽 것을 왼쪽으로 치워보도록 하겠습니다. 보통 수학에서는 주로 오른쪽에서 왼쪽으로 치워줍니다. 등호를 넘어가게 되면 항의 부호가 반대로 바뀝니다.

$x^2-x=x^2+x, \quad x^2-x-x^2-x=0$

다 치우고 나면 한쪽이 0이 됩니다. 그다음 식을 정리해보세요.

x^2과 $-x^2$은 똑같은 크기에 반대 부호이므로 부딪히면 0으로 사라집니다. +3과 −3이 만나면 0이 되는 것처럼 말입니다. 그다음 $-x$와 $-x$가 만나서 $-2x$가 되고 식을 정리해서 나타내면 $-2x=0$이 됩니다.

그 결과 이 식은 일차방정식이 맞습니다. (O)

❹번 풀이 들어갑니다. 수학은 정리를 잘해줘야 합니다. 괄호가 있으면 괄호를 풀어놓고 생각을 합니다. 오른쪽에 괄호가 보이지요. 4를 가지고 괄호 안의 x와 −2에 넘나들면서 곱해줍니다. 괄호는 곱하기하라는 뜻으로 쓰이기도 합니다. 괄호 밖에 어떤 수가 있으면 말입니다. $4x-8$. 앗, 정리를 해보니 왼쪽 좌변의 모습과 똑같아졌습니다. 그래서 이 식은 항등식이 됩니다. 항등식과 방정식은 다른 느낌입니다. 뒤에서 다시 다루도록 합니다. 여기서 항등식이 나오면 답이 아닙니다. (X)

이번 문제는 방정식을 찾는 것이 아니라 항등식을 찾는 것입니다. 항등식은 왼쪽인 좌변과 오른쪽 우변이 같은 모습을 보이면 됩니다. 약간의 계산이 필요하기도 할 것입니다.

❶번은 척 봐도 좌변과 우변의 모습이 같지 않습니다. 이것은 항등식이 아니라 방정식입니다.

❷번에서는 좀 더 색다른 방법으로 풀어볼까요? 항등식은 x에 어떤 값을 넣어도 좌변과 우변이 같아져야 합니다. 그게 항등식의 매력이니까요. 그래서 1을 불러와서 x자리에 넣어보겠습니다. 그 결과 1+2=4가 되었습니다. 3이 4랑 같지 않습니다. 그래서 이것은 항등식이라고 할 수 없습니다.

❸번 풀이에도 색다르게 이항이라는 것을 해서 항등식이 되는지 알아보겠습니다. 이항은 항을 등호 저편으로 넘기는 것입니다. 그 결과 자신의 부호가 반대로 변합니다. 식을 통해서 확실히 알아보도록 합니다. $2x-3-7x+3=0$, 등호를 타고 넘어갈 때 자신의 부호가 +는 −로, −는 +로 바뀝니다. 이제 정리를 해보도록 합니다. $2x-7x$로 같은 모습끼리 계산을 해보면 $-5x$가 나옵니다. 그다음 수끼리 −3과 +3이 만나서 0이 됩니다. 같은 크기의 반대 부호의 결과는 항상 0이 됩니다. 정리된 결과는 $-5x=0$, 좌변과 우변의 모습이 완전 다릅니다. 그래서 이것은 항등식이 아니라 방정식이라고 해야 맞습니다.

❹번처럼 분수가 보이면 좀 무섭습니다. 최소공배수를 이용하여 분수 형태의 모습을 바꾸도록 하겠습니다. $\frac{1}{3}x+1=\frac{1}{5}x-2$, 3과 5의 최소공배수는 15입니다. 모든 항들에게 골고루 15를 곱해주겠습니다. 그러면 모습이 다음과 같이 변합니다.

$5x+15=3x-30$, 이제 모습을 보세요. 좌변과 우변의 모습이 다릅니다. 그래서 이 식은 항등식이 아닙니다. 방정식입니다.

❺번에서 괄호가 보입니다. 그러나 이런 괄호는 아무 힘도 발휘하지 못하고 그냥 없애주면 됩니다. 그다음 그냥 계산을 하세요.

$x+(x+2)=2x+2$, $x+x+2=2x+2$, $2x+2=2x+2$

우와, 정리를 해보니 오른쪽의 모습과 왼쪽의 모습이 같아졌습니다. 우리가 찾고 있던 항등식의 모습입니다. 항등식은 이항해보면 좌변과 우변이 0으로 만들어집니다. 한번 해보도록 하겠습니다.

$2x+2=2x+2$, $2x+2-2x-2=0$, $2x$와 $-2x$가 만나서 폭발 0이 되고 $+2$와 -2가 만나서 다시 폭발로 0이 됩니다. 따라서 결과는 $0=0$이 됩니다. 따라서 답은 ❺번입니다.

[중학수학(1) 1-16 :: P.32]

풀이에 앞서서 'x의 값에 관계없이 항상 참인 등식'이라는 말뜻을 우선 알아야 합니다. 이 긴말을 세 자로 줄이면 항등식이라고 부릅니다. 시험에 무조건 나오니 반드시 기억해야 합니다.

❶번은 좌변 $2x$와 우변4가 다르니 항등식이 아닙니다.

❷번은 얼핏 보면 좌변과 우변의 모습이 같게 보이지요. 근데 수학에는 함정이 많습니다. 왼쪽에 있는 x와 오른쪽에 있는 x를 자세히 보니 오른쪽 x는 $-$(마이너스)를 달고 있습니다. 그래서 좌변의 모습과 우변의 모습이 같지 않습니다. 항등식에서 탈락시키겠습니다.

❸번은 이제 감이 좀 오지요. 이건 딱 봐도 아닙니다.

❹번은 괄호가 있습니다. 이럴 땐 괄호를 없애서 정리해야 확실히 알 수 있습니다. 괄호 앞의 2가 괄호를 타고 넘어가 x와 -2에 곱해줍니다. $2(x-2)=2x-4$, 옳거니 좌변의 모습과 우변의 모습이 같아졌습니다. 그래서 이 식은 항등식이 맞습니다.

❺번은 이건 양변에 모두 괄호가 있습니다. 다 풀어주어야 합니다. $-3(x+2)=3(x-3)$, $-3x-6=3x-9$, 정리를 해주고 나니 그들의 양쪽 모습이 전혀 닮지 않았습니다. 그래서 답은 ❹번입니다.

'일차방정식을 풀어라.'는 말뜻은 좌변에 x만 있는 상태로 두라는 뜻과 같습니다.

$x=$(얼마), 이게 바로 일차방정식을 푼 상태입니다.

$2x=4-10$ ← $+10$을 이항을 통해 우변으로 넘겼습니다. 부호가 $-$(마이너스)로 바뀌었습니다.

$2x=-6$ ← 4에서 10을 빼면 마이너스 6이 됩니다.

$\dfrac{2x}{2}=-\dfrac{6}{2}$ ← 왼쪽에 x만 남겨두기 위해 양변을 2로 나누어줍니다.

$x=-3$

x가 얼마로 나오면 그게 바로 답입니다. 좌변에 x만 남아 있는 상태까지 가야 답이 됩니다.

자, 일단 괄호가 양쪽에 다 있습니다. 양쪽 다 공격을 해보도록 합니다. 우선 왼쪽부터 괄호 밖의 5가 괄호 안의 x와 -1에 곱하기 공격합니다.

$5(x-1)=5x-5,$

이제 오른쪽 공격 괄호 밖의 3으로 괄호 안의 9와 $-x$를 공격합니다. 공격 방법은 곱하기를 이용합니다.

$3(9-x)=27-3x$

왼쪽과 오른쪽을 정리해서 나타내면 $5x-5=27-3x$, 여기서 아주 강력한 일차방정식의 기술 적용에 들어갑니다. x항들은 좌변으로 모이게 합니다. 숫자들은 우변으로 이항시켜야 합니다.

$5x-5=27-3x$, $5x+3x=27+5$, ← 이항되면서 부호가 바뀐다는 사실을 기억합니다.

$8x=32$, $\dfrac{8x}{8}=\dfrac{32}{8}$, $x=4$

함수에 대하여 한 번 더 이야기하면 x의 값이 정해짐에 따라 y의 값이 정해지지 않거나, 여러 개로 정해지는 경우는 함수가 아닙니다.

❶, ❷, ❸은 하나의 수를 대입하면 하나의 값이 톡 튀어나와요. 그런데 ❹번을 잘 생각해보면 자연수 x보다 작은 자연수인 경우, 5보다 작은 자연수라면 1, 2, 3, 4로 네 개의 값이 나옵니다. 여러 개가 나오면 함수가 아니라고 했습니다.

❺번을 헷갈려 할 수 있으니 자세히 설명을 하겠습니다. 5의 약수는 1, 5로 두 개지만 약수의 개수는 2개로 2라는 수로 표현됩니다. 그래서 ❺번은 함수가 맞습니다. 답은 ❹번입니다.

정사각형의 변은 몇 개 있나요? 4개입니다. ❶번에서 한 변이 x니까 $x+x+x+x=4x$입니다. 따라서 $y=4x$, y는 (뭐)x 꼴이면 함수가 맞습니다.

❷번을 보면 자연수 x의 약수는 함수가 아닙니다. 예를 들어 4의 약수는 1, 2, 4로 세 개니 함수가 안 됩니다. 하나만 정해져야 한다는 것에 맞지 않으니까요. 하지만 앞에서 약수의 개수는 된다고 했지요. 잘 생각해보세요. 약수는 안 되고 약수의 개수는 됩니다. 약수를 다 쓰면 안 되지만 약수의 개수는 몇 개라고 하나의 수로 나타나니까 된다는 뜻입니다.

❸번에 거리는 속력 곱하기 시간, 그래서 $y=5 \times x=5x$입니다. 함수가 맞습니다.

❹번의 원의 둘레는 지름 곱하기 3.14입니다. 따라서 식은 $y=3.14 \times 2 \times x=6.28x$입니다. 함수가 맞습니다.

❺번은 $y = 6 \times x \times \frac{1}{2} = 3x$, $y=3x$로 함수가 맞습니다.

답은 ❷번입니다.

[중학수학(1) 1-21 :: P.40]

그림으로 생각합니다. 옆 그림이 머릿속에 떠오르나요?

제2사분면에서 점은 x 좌표의 부호는 $-$, y 좌표의 부호는 $+$가 됩니다.

그래서 답은 ❹번입니다. 제2사분면 위의 점은 $(-, +)$입니다.

제2사분면 $(-, +)$	제1사분면 $(+, +)$
제3사분면 $(-, -)$	제4사분면 $(+, -)$

[중학수학(1) 1-22 :: P.40]

제4사분면 위의 점이므로 $(+, -)$. 답은 ❹번입니다.

[중학수학(1) 1-23 :: P.41]

(1)번을 풀기 앞서 일단 $y=3x$를 문자와 식에서 배운 것을 생각하여 $y=3x$를 $y=3 \times x$꼴로 바꾸어 차례대로 $-2, -1, 0, 1, 2$를 넣어서 계산합니다. y의 값들이 $-6, -3, 0, 3, 6$으로 툭툭 튀어나올 겁니다. x의 값에 대한 함숫값 y를 구하는 표를 완성하면 다음과 같습니다.

x	-2	-1	0	1	2
y	-6	-3	0	3	6

(2)번을 풀이하기 위해 표를 보고 순서쌍으로 나타내면 $(-2, -6)$, $(-1, -3)$, $(0, 0)$, $(1, 3)$, $(2, 6)$이 됩니다. 이 순서쌍들을 좌표평면 위에 빠짐없이 바둑 두듯이 대응시켜봅니다. 결과는 옆의 그림과 같습니다. 띄엄띄엄 되어 있지만 직선을 나타내는 것 같습니다. 이런 그래프를 나중에 '정비례

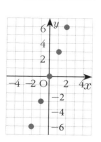

함수'라고 부릅니다. 정비례 함수라는 말은 잊지 말고 알아두세요.

[중학수학(1) 1-24 :: P.42]

(1)번을 풀이하기 위해 $y=-2x$를 $y=-2 \times x$로 고쳐서 -2, -1, 0, 1, 2를 x자리에 차례대로 대입하면 y의 값들이 4, 2, 0, -2, -4가 나옵니다. x의 값에 대한 함숫값 y를 구하는 표를 완성하면 다음과 같습니다.

x	-2	-1	0	1	2
y	4	2	0	-2	-4

(2)번을 풀어보겠습니다. 위의 표를 보고 순서쌍으로 나타내면 $(-2, 4)$, $(-1, 2)$, $(0, 0)$, $(1, -2)$, $(2, -4)$이 됩니다. 다시 바둑 한판 둘까요? 바둑 두듯이 이 순서쌍들을 좌표평면에 점을 꾹꾹 찍으며 나타냅니다.

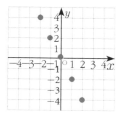

[중학수학(1) 1-25 :: P.42]

함수가 좀 이상한 모양 $y=\dfrac{4}{x}$이 되었습니다. 어렵게 생각하지 마세요. 모든 것은 마음먹기에 달렸습니다.

x자리에 -4, -2, -1, 1, 2, 4를 차례로 대입해서 계산합니다. y의 값들이 어미 오리를 따라 다니는 새끼 오리들처럼 줄줄이 '-1, -2, -4, 4, 2, 1' 하고 나옵니다. 한 마리도 빠트리지 마세요. 순서쌍으로 묶어주면 $(-4, -1)$, $(-2, -2)$, $(-1, -4)$, $(1, 4)$, $(2, 2)$, $(4, 1)$가 됩니다.

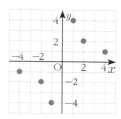

이제 이 점들을 좌표평면 위에 찍어봅니다. 항상 앞의 것이 x자리를 결정합니다. 뒤는 y자리입니다.

[중학수학(1) 1-26 :: P.43]

함수 $y=-\dfrac{2}{x}$에서 x값의 간격이 점점 작아지면 왼쪽 그래프와 같이 점이 촘촘히 나타나고 x값의 범위가 0이 아닌 수 전체로 확장하면 좌표축에 가까워지면서 한없이 뻗어 나가는 한 쌍의 매끄러운 곡선이 됩니다.

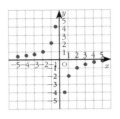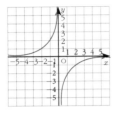

이런 그림을 반비례 함수의 그래프라고 부릅니다. 반비례 함수에서 알아두어야 할 중요한 특징이 있습니다. a가 양수이면 제1, 3사분면에 그림이 그려집니다. a가 음수이면 그림이 미끄럽게 제2, 4사분면에 그려집니다.

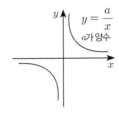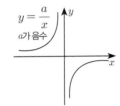

2일 중학수학(1) 중학수학 1을 확실하게 어루만져보자

[중학수학(1) 2-1 :: P.48]

평면도형에서 꼭짓점이 바로 교점에 해당됩니다. 답은 3개입니다.

[중학수학(1) 2-2 :: P.48]

평면으로만 이루어진 입체도형에서 교점의 개수는 꼭짓점의 개수이고, 교선의 개수는 모서리의 개수라고 생각하면 됩니다. 이해가 되지 않으면 그림을 보고 직접 세어보세요. 위의 입체도형에서 보이는 데로 세어보면 됩니다. 교점의 개수는 꼭짓점의 개수로 5개이고 교선의 개수는 모서리의 개수로 8개가 됩니다.

[중학수학(1) 2-3 :: P.49]

❶번에서 $\overrightarrow{PQ}$와 $\overrightarrow{QP}$는 출발점이 같지 않습니다. 그리고 방향도 다릅니다. 그래서 $\overrightarrow{PQ} \ne \overrightarrow{QP}$입니다. ❷번의 점 Q에서 출발합니다. R과 S는 같은 방향이므로 계속 연결해보면 결국 같아집니다. 출발점과 방향만 같으면 같은 것입니다. ❸번은 위에 작대기만 있는 것을 선분이라고 읽는데 선분은 앞뒤가 바뀌어도 같은 것입니다. ❹번 역시 직선은 양쪽으로 뻗어 나가므로 같다고 보면 됩니다. ❺번도 ❹번과 똑같이 생각하면 됩니다. 그래서 답은 ❶번입니다.

[중학수학(1) 2-4 :: P.50]

$\overrightarrow{BD}$는 점 B에서 출발하여 D 방향으로 간다는 뜻입니다. 이것을 보기에서 찾아보도록 하겠습니다.

❶번은 점 A에서 점 C 방향으로 출발점이 달라서 틀렸습니다. ❷번은 점 B 방향에서 점 C 방향으로 가는데 C 방향과 D 방향은 같은 방향입니다. 이게 정답입니다. ❸번 C에서 B 방향으로도 틀렸습니다. ❹번은 C에서 D로, 역시 틀렸습니다. ❺번 D에서 B로, 땡! 답은 ❷번입니다.

[중학수학(1) 2-5 :: P.52]

❶번은 점A를 따라 가로로 움직이면 변 AD가 보이고, 점 B를 따라 가로로 움직이면 변 BC가 보입니다. 답은 변 AD, 변 BC입니다.

❷번은 점 A를 따라 약간 비스듬히 세로로 따라가면 변 AB를 만납니다. 또 점 D에서 시작하여 세로로 역시 비스듬히 따라 내려가는 변은 DC입니다. 답은 변 AB, 변 DC입니다.

[중학수학(1) 2-6:: P.52]

❶번 모서리 CF와 모서리 DF는 한 점에서 만납니다. 위치 관계는 '한 점에서 만난다.'입니다.

❷번은 만나지도 평행하지도 않습니다. 이게 바로 꼬인 위치입니다. 그래서 이 두 모서리의 관계는 '꼬인 위치에 있다'라고 합니다. ❸번은 모서리 AC를 아래로 툭 떨어뜨리면 모서리 DF와 포개집니다. 따라서 이 두 선분의 위치 관계는 '평행하다.'입니다.

[중학수학(1) 2-7 :: P.54]

맞꼭지각의 크기는 서로 같습니다. 따라서 $x+42°$ 와 $3x-24°$ 가 같다는 뜻입니다. 그러면 이 문제는 방정식을 이용하여 풀 수 있습니다. 식을 세우는 것은 간단합니다. 같다는 뜻으로 가운데 등호만 넣어 주면 됩니다.

$$x+42° = 3x-24°$$

x가 큰 쪽으로 이항시켜주면 편합니다. 즉 $3x$쪽으로 x를 이항시키고 나머지 수들은 그 반대로 넘기면 됩니다. 넘기면 뭐가 바뀌나요? 반드시 원래 상태에서 부호가 반대로 바뀝니다.

$$x+42° = 3x-24°$$

$$42° + 24° = 3x - x, \ 66° = 2x$$

$$2x = 66° \quad \therefore x = 33°$$

답은 $33°$ 입니다.

[중학수학(1) 2-8 :: P.54]

얼핏 보면 참 난감해 보입니다. 하지만 앞에서 우리는 맞꼭지각의 크기는 서로 같다는 것을 배웠습니다.

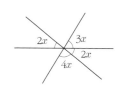

맞꼭지각의 성질을 이용하여 각을 옮길 수 있습니다. 그래서 $2x$와 $4x$와 $3x$가 평각 180도를 이루게 됩니다. 자, 이제 계산만 하면 됩니다.

$$2x + 4x + 3x = 180, \ 9x = 180, \ \frac{9x}{9} = \frac{180}{9}, \ x = 20°$$

[중학수학(1) 2-9 :: P.56]

첫 번째, 직선 l 위에 한 점 C를 잡습니다. 기준은 있어야 하니까요. 사실 아무 점을 잡아도 상관은 없습니다. 기준만 확실하면 되니까요. 두 번째, 컴퍼스를 선분 AB의 길이만큼 벌려서 길이를 잽니다.

세 번째, 점 C를 중심으로 하고, 선분 AB의 길이를 반지름으로 하는 원을 그려 직선 l과 만나는 점을 D라고 합니다.

이때 선분 CD는 선분 AB와 같은 구하는 선분이 됩니다. 다음 그림을 보겠습니다.

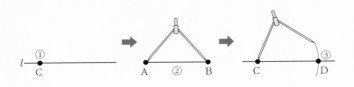

[중학수학(1) 2-10 :: P.56]

말이 필요 없습니다. 다음 그림만 잘 보면 이해될 것입니다.

    그림을 그리는 순서가 시험에 잘 나옵니다. 일단 ①처럼 눈금 없는 자로 쭉 그어주세요. 그다음 컴퍼스를 이용하여 선분 AB의 길이를 잽니다. 그 길이만큼 맞추어 C쪽으로 한 걸음 옮겨줍니다. 그러면 선분의 AB의 길이의 두 배인 선분 AC를 나타낼 수 있습니다.

[중학수학(1) 2-11 :: P.57]

    각을 옮기는 문제는 시험에서도 자주 등장하고 수행평가 문제로 단골입니다. 찬찬히 그림을 보시고 반드시 알아두세요.

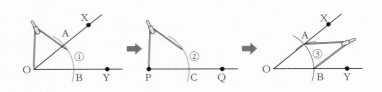

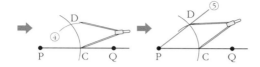

출제 형태는 그리는 순서를 대개 많이 물어봅니다.

[중학수학(1) 2-12 :: P.57]

앞의 문제에서는 예각을 옮겼습니다. 90
도보다 작은 각을 예각이라고 부릅니다. 하지
만 이번 문제에서는 90도보다는 크고 180도
보다 작은 각인 둔각을 옮겨보겠습니다. 방법
은 똑같습니다. 단지 차이는 컴퍼스를 좀 더
벌려야 한다는 정도입니다.

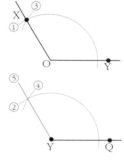

여기서 우리가 반드시 알아야 할 것은 그
리는 순서입니다. 순서를 이용하여 얼마든지 시험 문제를 만들 수 있습니다.

[중학수학(1) 2-13 :: P.61]

일단 ⓛ으로 바닥을 다지고 다음으로 양쪽 각을 컴퍼스로 ⓒ처럼 잽니다. ⊙
으로 줄을 그어서 완성합니다. 답은 ⓛ→ⓒ→⊙입니다.

[중학수학(1) 2-14 :: P.61]

일단 각 C의 크기를 잽니다. ㉠. 그다음으로 컴퍼스를 이용하여 변 b와 a의 길이를 ㉢으로 나타내고 마지막 동작으로 눈금 없는 자를 이용하여 ㉡처럼 긋고 완성합니다. 답은 답은 ㉠→㉢→㉡입니다.

[중학수학(1) 2-15 :: P.63]

❶번 풀이는 그림을 보고 해도 되지만 식만 보고도 할 수 있습니다. 식에서 점 A가 처음이니까 옆의 삼각형에서는 점 D가 처음입니다. 그래서 꼭짓점 A의 대응점은 점 D입니다.

❷번 풀이 역시 변 BC의 대응변은 변 EF입니다. 식의 순서를 잘 보고 읽어주기만 하면 됩니다. ❸번 풀이는 ∠C 역시 순서에 따라 ∠F가 대응각이 됩니다.

[중학수학(1) 2-16 :: P.63]

그림을 봐도 되고 △ABC≡△DEF 같은 식으로 이용해도 됩니다.

❶번의 변 DE는 변 AB의 길이에 대응되므로 길이는 $3\,cm$입니다. ❷번의 변 AC에 대응되는 변은 변 DF, 그래서 길이는 $5\,cm$입니다. ❸번의 각 E와 대응할 수 있는 각은 각 B. 그래서 각 B의 크기가 50이니까 각 E의 크기도 50입니다.

[중학수학(1) 2-17 :: P.66]

❶번은 원의 중심을 지나도록 현인 직선을 그어보세요. 지름이 맞습니다. 그래서 답은 ○입니다.

❷번 원의 현 중 가장 긴 것은 지름이 맞습니다. 문제❶처럼 그려보면 이해가 됩니다. 답은 ○입니다.

❸번의 호와 현으로 이루어진 도형은 부채꼴이 아니라 활꼴입니다. 부채꼴은 두 반지름과 호로 이루어져 있습니다. 답은 X입니다.

[중학수학(1) 2–18 :: P.66]
❶번 활꼴은 호와 현으로 이루어진 도형입니다. 위 설명은 부채꼴에 대한 설명입니다. 답은 X입니다.

❷번 중심각의 크기가 $180°$ 이면 부채꼴과 활꼴의 모양이 같아집니다. 원의 중심을 일직선으로 통과한 모습입니다. 답은 O입니다.

❸번은 90도가 아니라 180도입니다. 답은 X입니다.

[중학수학(1) 2–19 :: P.70]
일단 각은 각끼리 비교해보겠습니다. 작은 각이 20도이고 큰 각이 60도입니다. 그래서 각은 세 배 차이가 납니다. 호의 길이는 비례한다고 했으니 작은 호의 길이가 3입니다. 따라서 큰 호의 길이는 작은 호의 길이의 세 배인 $3×3=9$가 됩니다. 답은 $9\,cm$입니다.

[중학수학(1) 2–20 :: P.70]
각이 감추어져 있고 부채꼴의 넓이가 나와 있는 경우입니다. 앞에서 설명할 때 거꾸로 해도 성립된다고 말했습니다. 넓이의 비가 $6:24$니까 약분을 시켜보면 $1:4$로 큰 것이 작은 것의 4배가 됩니다. 그러면 각 역시 큰 각이 작은 각보다 4배가 크니까, 나와 있는 큰 각 160도를 4로 나누면 답이 $40°$ 가 됩니다.

[중학수학(1) 2–21 :: P.72]

다면체와 회전체와의 큰 차이는 곡선이 있느냐 없느냐 입니다. 곡면이 있어도 회전체로 분류됩니다. 주로 원과 관계가 있어도 회전체라고 볼 수 있습니다.

(1) 다면체는 1, 2, 4, 6, 7, 8

(2) 회전체는 3, 5, 9, 10

[중학수학(1) 2–22 :: P.73]

구는 원과는 달리 부피가 있는 공 모양입니다. 그래서 답은 ❹번입니다. 삼각뿔인 다면체만 빼면 모두 회전체입니다.

3일 중학수학(2) 다부진 마음 먹고 중학수학2에 도전하기

[중학수학(2) 3–1 :: P.78]

일단 4를 소인수분해 하면 2^2이 됩니다. 분모의 상태가 2나 5가 나오면 10을 만들 수 있습니다. 2에 5를 곱하면 10입니다. 2에 5를 곱하는 이유는 분모에 10을 만들어주기 위해서입니다. 분모가 10이 되면 자동으로 유한소수가 만들어집니다. 여기서는 2^2이 나왔습니다. 이럴 땐 그냥 5를 곱하는 것이 아니라 지수를 맞추기 위하여 5^2을 곱해야 합니다. 분수는 분모에 곱한 수만큼 분자에도 곱해주어야 약분시키면 원래 상태로 돌아와 있거든요. 그런데 왜 5^2을 곱해주는 것일까요? 10의 배수가 만들어지는 화학작용을 직접 봐야 이해가 빠릅니다.

$2^2 \times 5^2 = (2 \times 5)^2 = 10^2 = 100$에서 100이라는 10의 배수가 나오지요. 화학작용의 두 번째 과정에서 보면, 위에 조그맣게 쓴 지수의 크기를 맞추어야 저렇게 괄호가 생기면서 작은 수가 빠져나올 수 있습니다. 이것을 수학자 선생님들은 '지수법칙'이라고 부릅니다. 이제 진짜 풀이로 들어갑니다. 답은 다음과 같습니다.

$$\frac{1}{4} = \frac{1 \times (5^2)}{2^2 \times (5^2)} = \frac{25}{(10^2)} = \frac{25}{100} = (0.25)$$

[중학수학(2) 3-2 :: P.78]

두 번째 장면에서 잘 살펴보면 2^3 옆에 5가 보입니까? 그냥 5는 5^1입니다. 그런데 2는 세제곱인데 5는 한 번뿐이니 지수가 맞지 않습니다. 그래서 분수의 성질을 이용하여 5에 5^2을 곱해주어야 합니다. 분수의 성질에 따라 분모에 곱한 만큼 분자에도 곱해주는 것을 잊지 마세요. 그러면 다음과 같은 화학작용이 나옵니다. 수학도 일종의 화학작용으로 볼 수 있습니다.

$$2^3 \times 5 \times 5^2 = 2^3 \times 5^3 = (2 \times 5)^3 = 10^3 = 1000$$

답은 $\dfrac{9}{40} = \dfrac{9}{2^3 \times 5} = \dfrac{9 \times (5^2)}{2^3 \times 5 \times (5^2)} = \dfrac{(225)}{1000} = (0.225)$입니다.

[중학수학(2) 3-3 :: P.80]

분수를 소수로 만드는 방법은 분자를 분모로 나누면 됩니다.

$8 \div 9 = 0.888888\cdots$ 순환소수인 점박이로 나타내면 $0.\dot{8}$, 순환마디는 8입니다.

[중학수학(2) 3-4 :: P.80]

$23 \div 99 = 0.23232323\cdots$ 점박이로 나타내면 $0.\dot{2}\dot{3}$ 순환마디는 23입니다.

[중학수학(2) 3-5 :: P.82]

차례대로 답을 쓰면 $99, 12$ 약분해서 $\dfrac{4}{33}$ 입니다.

[중학수학(2) 3-6 :: P.82]

$999, 456, \dfrac{456}{999}$ 에서 약분을 해서 쓰면 $\dfrac{152}{333}$ 입니다.

[중학수학(2) 3-7 :: P.84]

우리의 목표는 순환마디를 없애는 것입니다. 처음에는 소수 아래의 전체 개수만큼 곱해주고 그다음으로는 순환되지 않는 소수마디의 양만큼 곱해서 찾아주면 됩니다.

답은 ❶ ㄱ, ❷ ㄷ, ❸ ㄴ, ❹ ㅁ, ❺ ㅂ, ❻ ㄹ입니다.

[중학수학(2) 3-8 :: P.84]

하나하나 꼼꼼히 살펴보겠습니다. ❶번은 소수점 아래 두 칸으로 100을 곱해서 $100x$를 만들어주고 점이 안 박힌 것이 한 칸이므로 $10x$로 만들어 빼줍니다. 따라서 $100x-10x$입니다. ❷번은 $1000x-x$, 점이 다 박혀 있으면 그냥 x를 빼줍니다. ❸번은 $1000x-100x$, ❹번은 $1000x-10x$, ❺번은 $100x-x$, 답은 ❸번입니다.

[중학수학(2) 3-9:: P.86]

❶번은 아닙니다. 왜냐하면 x^2이 있으니까 이차가 됩니다. 우리가 찾아야 하는 것은 일차방정식입니다.

❷번도 아닙니다. 얼핏 보면 맞는 것 같은데, 이런 경우 확인을 위해 우변에 있는 항들을 좌변으로 옮겨서 정리해야 합니다. 이항하면 부호가 바뀌게 됩니다.

$x+2y-x+y+1=0$, $3y+1=0$에서 정리를 해보니 x항이 사라졌습니다. 우리가 찾아야 하는 것은 미지수가 두 개인데. y항만 있으면 미지수가 두 개가 아니라서 틀렸습니다.

❸번도 아닙니다. 일차방정식에서 방정식은 반드시 등호(=)가 있어야 하는데 그게 없습니다. 방정식에는 반드시 등호가 있어야 합니다.

❹번도 의심스러워 이항을 해봤습니다. $x=2y-3$, $x-2y+3=0$, x와 y항이 살아 있고 차수도 1차이고 등호도 있습니다. 답이 확실합니다.

❺번은 미지수가 2개인 일차방정식 같은 느낌이 들지요. 하지만 아닙니다. 이것이 안 되는 이유는 xy항이 있기 때문입니다. xy항은 x항도 아니고 y항도 아닌 자신만의 이름을 가진 xy항입니다. 또 xy항의 차수는 1차가 아니라 2차입니다. x의 1차와 y의 1차가 더해져서 그렇습니다.

[중학수학(2) 3−10 :: P.86]

ㄱ을 보니 완벽합니다. x와 y가 떡하니 버티고 있고 등호가 온전한 일차방정식입니다. ㄴ은 아닙니다. 딱 봐도 등호(=)가 없어요. ㄷ을 보고 많은 학생들이 움찔했을 겁니다. 옆에 붙어 있는 분수는 얌전한 녀석이라서 괜찮습니다. 일단 우리가 알아야 할 x, y가 있고 그다음으로 등호도 있습니다. x와 y만 분모에 있는 게 아니면 됩니다. 그러면 분수는 하나의 수일뿐이므로 더 이상 신경 쓰지 마세요. ㄷ은 일차방정식이고 미지수 두 개로 맞습니다. ㄹ은 계산의 기술이 필요합니다. 이항과 분배법칙이 필요한데 분배법칙은 괄호 풀기입니다.

자, 시술 들어가겠습니다.

$3x+y=3(x-y+1)$, $3x+y=3x-3y+3$(좌변에 분배의 기술 적용. 3을 골고루 곱해주니 괄호가 사라졌습니다. 현재까지는 수술이 순조롭습니다.)에서 이제 이항을

할 겁니다. $3x+y-3x+3y-3=0$(이항을 하면 부호가 바뀝니다. 이항은 등호를 넘어가는 것입니다.)에서 이항을 하니 x가 사라졌습니다. $4y-3=0$의 미지수 x가 사라지면서 이식은 미지수가 2개인 일차방정식이 아닌 것으로 판정되었습니다.

ㅁ은 xy항에 주목합시다. xy항는 2차입니다. 일차 두 개가 곱해지면 이차라는 사실을 기억해주세요. ㅁ은 그래서 안 됩니다. ㅂ은 완벽합니다. 그래서 답은 ㄱ, ㄷ, ㅂ입니다.

[중학수학(2) 3-11 :: P.89]

우리가 사용할 비법은 과감하게 가감법입니다. 더하거나 빼서 문자 하나를 없애버리고 나머지를 구해서 찾아내는 기술이지요. 위의 식을 좀 살펴볼까요? 더할까요? 뺄까요? 위 줄의 x와 아래 줄의 $-x$가 보이지요. 두 식을 빼야 x가 없어질까요, 더해야 없어질까요? 그래, 맞습니다. 크기가 같고 부호가 다를 때는 더하면 없어집니다. 나중에 학교에서는 이러한 상태를 '소거'라고 말합니다.

$$x-4y=-9$$
$$+)\underline{-x+2y=3}$$

아래와 위의 식을 더해보면 $-2y=-6$, $y=3$, y가 3이므로 아무 식에나 y자리에 3을 넣어보면 되지만 승태쌤은 그냥 첫 번째 식에 넣어서 계산하겠습니다.

$$x-4\times3=-9, x=-9+12, x=3$$

그래서 답은 $(3, 3)$입니다.

[중학수학(2) 3-12 :: P.89]

이 식은 앞에 것에 비하면 좀 어렵습니다. 더하거나 빼도 둘 중 아무것도 사라지지 않습니다. 그럼 어떡할까요? 문자 앞의 수를 계수라고 하는데 그 계수를 일단 같게 만들어야 합니다. 그 기술 역시 우리가 익혀야 할 기술 중 하나입니다.

승태쌤은 앞에 있는 x의 계수를 맞추기로 결심했습니다. 그래서 두 번째 줄의 식에 통으로 2를 곱해줄 겁니다.

$$\begin{cases} 2x+y=12 \text{ ------ ①} \\ x-3y=-1 \text{ ------ ②} \end{cases}$$

②×2를 하면

$$\begin{cases} 2x+y=12 \\ 2x-6y=-2 \end{cases}$$

x 앞의 계수의 부호와 수가 2끼리 같으니 이제 빼주면 x는 없어질 것입니다.

$$\begin{array}{r} 2x+y=12 \\ -)\ 2x-6y=-2 \\ \hline \end{array}$$

$7y=14$, −(마이너스)에 −(마이너스)를 곱하면 부호가 +로 변신합니다. 아주 중요한 사실입니다. 그래서 $7y=14$가 된 것입니다. $7y=14$, $\dfrac{7}{7}y=\dfrac{14}{7}$, $y=2$ 등식의 성질 기술을 한 번 사용했습니다. y가 2라는 것을 알았으니 다시 식에 대입하면 $2x+y=12$, (←$y=2$), $2x+2=12$, $2x=10$, $x=5$입니다. 따라서 답은 $x=5$, $y=2$와 같이 순서쌍으로 표현하면 (5, 2)라고 쓸 수 있습니다.

[중학수학(2) 3-13 :: P.91]

해라는 것은 연립방정식에서 공통으로 성립하는 x와 y의 값을 말합니다. 어떤 x와 y를 찾아서 두 식에 대입하면 그 결과가 같아진다는 뜻입니다. 공통 해를 줄여서 '식의 해'라고 합니다.

$$\begin{cases} 2x-y=-6 \text{ ------ ①} \\ x=-3y+4 \text{ ------ ②} \end{cases}$$

자, 위 식을 보니까 어떤 식이 어떤 식의 먹이가 될까요?

②식이 한 문자에 관하여 정리되어 있으니까 ②식이 먹이가 되어 대입하여야 합니다. $2x-y=-6$이라는 ①식의 x자리에 ②식의 $-3y+4$를 대입하여 식을 나

타냅니다.

$2(-3y+4)-y=-6$

이렇게 y만 있는 식이 됩니다. 이것을 정리하면 되는데 () 안의 식을 풀려면 () 밖의 수 2가 안쪽으로 들어가면서 곱해주어야 합니다.

$2(-3y+4)-y=-6$, $-6y+8-y=-6$, $-7y=-6-8$ (이항시키면 부호가 바뀝니다)

$-7y=-14$, $7y=14$, $y=2$

위의 식에서 y를 구했습니다. ②식으로 돌아갑니다. 잠깐 그냥 가면 어떡합니까? 힘들게 구한 $y=2$를 들고 가야지요. 그래서 ②식의 y자리에 2를 대입하면 다음과 같이 x값이 나옵니다.

$x=-3\times2+4$, $x=-6+4$, $x=-2$.

따라서 답은 $x=-2$, $y=2$입니다.

[중학수학(2) 3-14 :: P.91]

이 문제는 계산을 한 번 더 하게 만들었습니다. 'a, b를 구해서 곱하라'는 뜻이 바로 'ab'이므로 식은 $ab=a\times b$입니다.

$$\begin{cases} y=3x-5 \ \text{------} \ ① \\ y=-3x+13 \ \text{------} \ ② \end{cases}$$

식을 보니까 ①식과 ②식 모두 y라는 한 문자에 대해 정리되어 있습니다. 어느 식을 대입시킬까 고민되지요. 고민할 것 없습니다. 다음 방법을 추천합니다.

$y=3x-5$와 $y=-3x+13$으로 y는 공통으로 같으니까, $3x-5$와 $-3x+13$으로 서로 같게 식을 세우면 됩니다. 그러면 다음과 같은 식이 성립합니다.

$3x-5=-3x+13$

x는 x끼리 수는 수끼리 모아 계산하면

$3x+3x=13+5$(이항을 시키면 부호가 바뀝니다. 이항은 반드시 등호를 넘어가야

합니다.)

$6x=18$(등식의 성질을 이용하여 양변을 6으로 나누면)

$x=3$

$x=3$을 ①식에 대입하면 $y=3\times3-5$, $y=4$가 됩니다. 따라서 $a=3$, $b=4$이므로 $ab=12$가 됩니다. 답은 12입니다.

[중학수학(2) 3-15 :: P.93]

이 문제는 어렵지 않습니다. 주어진 부등식의 x에 $0, 1, 2, 3$을 대입하여 좌변, 즉 오른쪽을 계산하고, 그 값을 우변의 값과 비교하면

$x=0$일 때 $3\times0-2=-2<4$

$x=1$일 때 $3\times1-2=1<4$

$x=2$일 때 $3\times2-2=4=4$

$x=3$일 때 $3\times3-2=7>4$

따라서 부등식 $3x-2\geq4$는 $x=2$, $x=3$일 때 참이 되므로 구하는 해는 $2, 3$입니다.

답은 $2, 3$입니다.

[중학수학(2) 3-16 :: P.94]

우리는 여러 가지 방법으로 다양하게 문제를 풀이할 수 있어야 합니다. 그래서 이번에는 표를 통해 풀이를 해보도록 하겠습니다. 다음은 부등식 $2x-1\geq x+1$에 $x=1, 2, 3, 4$를 각각 대입한 표입니다.

x	좌변 $(2x-1)$	우변 $(x+1)$	$2x-1 \geq x+1$	참, 거짓
1	$2 \times 1 - 1 = 1$	$1 + 1 = 2$	$1 \geq 2$	거짓
2	$2 \times 2 - 1 = 3$	$2 + 1 = 3$	$3 \geq 3$	참
3	$2 \times 3 - 1 = 5$	$3 + 1 = 4$	$5 \geq 4$	참
4	$2 \times 4 - 1 = 7$	$4 + 1 = 5$	$7 \geq 5$	참

마음가짐에 따라 위의 표가 상당히 쉽다고 생각하는 학생이 있는 반면에 위의 표를 보고 무서워하는 학생들도 있을 것입니다. 모든 것은 마음가짐에 달려 있습니다. 답 2, 3, 4입니다.

[중학수학(2) 3-17 :: P.96]

명심해야 할 이야기는 음수가 문자 앞에 곱해지거나 나누어지면 부등호 방향을 어김없이 바꾸어야 한다는 것입니다.

❶번은 같은 수를 양변에 더했기 때문에 부등호 방향이 그대로인 게 맞습니다.

❷번을 보면 a 앞에 -1이 곱해져서 $-a$가 된 것입니다. b 앞에도 -1이 곱해져서 $-b$가 된 것이고 그러니 이런 경우에는 반드시 원래 부등호 방향에서 반대로 돌려놓아야 합니다. ❷번은 부등호 방향을 돌려놓았기 때문에 틀린 것이 아닙니다.

❸번은 $-\dfrac{2}{3}$라는 음수를 곱했는데도 부등호 방향을 바꾸어 놓지 않았습니다. 그래서 틀린 것은 ❸번입니다.

❹번은 -2가 문자 앞에 곱해져 있으니 부등호 방향을 바꾸어놓았습니다. 그래서 맞습니다. ❺번은 양수가 곱해져 있으므로 방향은 바꾸지 않아야 옳습니다. 정답은 ❸번입니다.

❶번은 5로 양변을 나누는 것이므로 5는 음수가 아닙니다. 그래서 부등호 방향은 그대로 입니다.

❷번은 $-\dfrac{7}{2}$ 을 없애기 위해 $-\dfrac{2}{7}$ 를 곱해야 합니다. 양변에 음수를 곱했기 때문에 부등호 방향을 반대로 해놓았습니다. 잘한 것입니다.

❸번은 문자 앞에 뭐가 있는지 봐야 합니다. 문자 앞의 수를 잘 봐야 합니다. -3이 곱해져 있지요. 그러면 부등호 방향을 바꾸어야 합니다. 그런데 그대로입니다. 그렇다면 이것은 틀린 것입니다.

❹번은 문자 앞에 2가 곱해져 있으니 부등호 방향을 바꿀 필요가 없습니다. 음수만이 부등호 방향을 바꿀 수 있는 권한이 있습니다.

❺번 역시 문자 앞에 -3이 곱해져 있으니 부등호 방향을 바꾸어야 합니다.

정답은 ❸번입니다.

우변의 $-4x$를 좌변으로, 좌변의 7을 우변으로 이항하면

$2x+4x<-5-7$

양변을 정리하면(x는 x끼리 수는 수끼리)

$6x<-12$

양변을 6으로 나누면(지금이 우리가 구사하고 있는 기술이 바로 부등식의 성질입니다.)

$\dfrac{6x}{6} < \dfrac{-12}{6}$, $x<-2$

$x <-2$를 수직선 위에 나타내 볼까요?

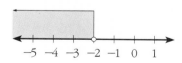

답은 $x < -2$입니다.

[중학수학(2) 3-20 :: P.97]

일단 눈에 처음 들어오는 것이 괄호입니다. 괄호를 우선 풀어헤쳐보겠습니다.

$x-2x+2>2x-1$에서 x는 x끼리, 수는 수끼리 헤쳐 모여 부등호를 넘어갈 때도 부호가 바뀝니다. $x-2x-2x>-1-2$를 잘 정리하면 $-3x>-3$, 양변을 -3으로 나누면 부등호 방향이 바뀝니다. 따라서 $x<1$가 됩니다. 답은 $x<1$입니다.

[중학수학(2) 3-21 :: P.99]

부등식 ①을 풀면 $2x>-2$, 이항이라는 배운 기술을 사용합니다. 양변을 2로 나누면 $x>-1$, 부등식 ②를 풀면 $-3x\geq-3$, 음수로 나누면 부등호 방향이 바뀝니다. $x\leq1$.

①, ②의 해를 수직선 위에 함께 나타내면 그림과 같습니다.

따라서 주어진 연립부등식의 해는 $-1-<x\leq1$입니다. 그림에서 구멍이 뚫리면 등호가 없다는 뜻이고 색이 칠해져 있으면 등호가 있다는 말입니다.

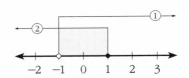

[중학수학(2) 3-22 :: P.99]

부등식 ①을 풀면 $5x>-15$, $x>-3$, 부등식 ②를 풀면 $-x\leq2$, 음수로 나누면 부등호의 방향이 바뀌므로 $x\geq-2$이고, ①, ②의 해를 수직선 위에 함께 나타내면 다음 그림과 같습니다. 이제 계산을 할 수

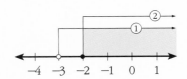

있겠지요.

공통으로 색이 칠해진 부분이 바로 연립일차부등식의 해가 됩니다. 답은 $x \geq -2$입니다.

4일 중학수학(2) 살짝 무섭지? 너무 걱정하지 말고 잘 따라가보자!

[중학수학(2) 4-1 :: P.103]

❶번이 틀린 이유는 x가 없습니다. 일차함수는 반드시 x항이 있어야 합니다. 이런 모습의 함수를 우리는 상수함수라고 부릅니다. 상수함수는 일차함수가 아닙니다.

❷번은 일차함수가 맞습니다. 한 점의 빈틈도 보이지 않고 완벽합니다. y도 있고, x도 있죠? 다 갖추고 있습니다.

❸번은 y가 없으므로 일차함수가 아닙니다.

❹번은 x^2인 이차함수입니다. 우리가 찾아야 하는 것은 일차함수이므로 틀렸습니다.

❺번은 반비례 함수라고 합니다. 분모에 x가 있으면 반비례 함수입니다. 분수와 결합되어 있어도 분자에 x가 있으면 일차함수가 될 수 있습니다. 하지만 이 경우에는 분모에 x가 있으므로 반비례 함수입니다. 결코 일차함수는 아닙니다. 반드시 조심하세요.

답은 ❷번입니다.

ㄱ은 일차함수가 맞습니다. 왜냐고요? 상수가 없어도 되기 때문입니다. y와 x만 온전히 제 기능을 하면 일차함수라고 할 수 있습니다. 그래서 ㄴ은 자동으로 답이 됩니다. ㄷ을 보며 뭐 느끼는 것 없나요? 그래요. 분모에 x가 있으니 분수함수로 일차함수가 아닙니다. ㄹ은 x의 최고차항이 2차이므로 이차함수입니다. 지금 우리가 찾고 있는 것은 일차함수입니다. ㅁ은 수로만 이루어진 상수함수. 문제는 ㅂ인데 ㅂ을 우리가 잘 알고 있는 모습으로 탈바꿈시켜보겠습니다.

$\dfrac{x}{2}+\dfrac{y}{3}=1$, $\dfrac{y}{3}=1-\dfrac{x}{2}$ (y 아래의 3을 없애기 위해 등식의 성질로 양변에 곱하기 3을 합니다.)

$y=3-\dfrac{3}{2}x$ (단지 보기 좋으라고, 이제 x항과 숫자항의 자리를 이동합니다.)

$y=-\dfrac{3}{2}x+3$

음, 잘생긴 일차함수가 나타납니다. 일차함수가 확실합니다.

답은 ㄱ, ㄴ, ㅂ입니다.

이 문제는 별로 어렵지 않습니다. 일차함수 $y=ax+b$의 그래프는 일차함수 $y=ax$의 그래프를 y축의 방향으로 b만큼 평행이동한 것입니다. b가 양수라면 y축에서 위로 올라가고 b가 음수라면 y축에서 아래로 내려갑니다. 따라서 ❶번은 y축에서 양의 방향으로, 즉 위로 2만큼 평행이동합니다. ❷번 y축에서 음의 방향으로 3만큼 평행이동, 아래로 3만큼 평행이동합니다.

일차함수 $y=\dfrac{1}{3}x-2$의 그래프는 일차함수 $y=\dfrac{1}{3}x$의 그래프를 y축의 방향으로 -2만큼 평행이동한 것입니다. 따라서 일차함수 $y=\dfrac{1}{3}x-2$의 그래프는 다

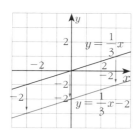

음 그림과 같습니다.

　　마치 나무젓가락을 가지런히 떨어뜨리는 장면 같지요.

[중학수학(2) 4-5 :: P.108]

y절편을 구하는 방법은 식의 x자리에 0을 대입하면 됩니다. 그런데 $y=(x$에 관한 식)으로 정리되면 x자리에 0을 대입하지 않고도 딱 보면 알 수 있습니다. $y=ax+b$에서 b가 y절편을 나타냅니다. 반면에 x절편을 구하는 방법에는 잔손질이 좀 갑니다. x절편은 식의 y자리에 0을 대입해서 구해야 합니다.

❶번식의 x절편은 y자리에 0을 대입합니다. $0=-\frac{1}{2}x-\frac{1}{2}$, $\frac{1}{2}x=-\frac{1}{2}$, $x=-1$이므로 x절편은 -1, y절편은 눈에 바로 보이는 대로 $-\frac{1}{2}$입니다.

❷번식의 y절편은 눈에 탁 뜨입니다. -2이고 그다음 x절편을 찾아보겠습니다. y에 0을 넣어 계산하면 $0=-x-2$, $x=-2$가 됩니다. 이게 답입니다. x절편과 y절편의 값이 같습니다.

❸번은 y절편이 한눈에 2라는 것이 보이고 다음으로 x절편을 y자리에 0을 넣어 계산하면 $0=x+2$, $-x=2$, $x=-2$이므로, 답이 아닙니다.

❹번식 풀이를 하겠습니다. y절편은 -2이고 x절편은 y자리에 0을 넣어 계산하면 $0=2x-2$, $-2x=-2$, $x=1$이 됩니다.

❺번 풀이로 y절편은 4이고 x절편을 구해보면 $0=2x+4$, $-2x=4$, $x=-2$이 됩니다.

따라서 답은 ❷번입니다.

점 A는 x절편이고 점 B는 y절편입니다. 그런데 문제는 좌표를 구하라는 점에 조심하세요.

점 B는 y절편이므로 바로 찾을 수 있습니다. -4입니다. 그런데 이것을 좌표로 고쳐야 하므로 $(0, -4)$로 나타내야 합니다. 왜냐면 y절편은 x의 값이 0이므로 $(0, -4)$가 된 것입니다. x절편은 y자리에 0을 대입하여 나타냅니다.

$$0 = -\frac{2}{3}x - 4,\ \frac{2}{3}x = -4,\ x = -4 \times \frac{3}{2},\ x = -6$$

x절편은 y자리에 0을 대입하므로 $(-6, 0)$으로 표현됩니다. 답은 A$(-6, 0)$, B$(0, -4)$입니다.

기울기는 $\dfrac{(y\text{의 증가량})}{(x\text{의 증가량})}$ 입니다.

따라서 식에 넣어서 구해보자.

$$\frac{(y\text{의 값의 증가량})}{4} = \frac{1}{4} \quad \therefore (y\text{의 값의 증가량}) = 1$$

$$\frac{(y\text{의 값의 증가량})}{3} = -2 \quad \therefore (y\text{의 값의 증가량}) = -6$$

이 문제에서 우리는 '나오이거나'에 초점을 맞추어야 합니다. '이거나, 또는' 이라는 말이 나오면 무조건 생각할 것도 없이 합의 법칙입니다. 합의 법칙은 말 그대로 더하기를 해주면 됩니다. 빨간 공 4개와 파란 공 1개를 더하면 $4 + 1 = 5$입니다.

[중학수학(2) 4-10 :: P.114]

이 문제도 문제를 잘 읽어야 합니다. '또는'이라는 말이 나왔습니다. 그러면 합의 법칙입니다. 따라서 1에서 30까지의 수 중 6의 배수인 경우의 수는 5가지, 7의 배수인 경우의 수는 4가지입니다. 따라서 둘을 더하면 5+4=9입니다.

[중학수학(2) 4-11 :: P.115]

여기서 초등학교 때 배운 약수라는 뜻을 알아야 합니다. 약수는 어떤 수를 나누어떨어지게 하는 자연수입니다. 15를 나누어떨어지게 하는 수는 1, 3, 5, 15입니다. 이제 18의 약수도 마저 알아보도록 하겠습니다.

18의 약수는 1, 2, 3, 6, 9, 18이고 그다음 단계로 두 공에 적힌 수 중 모두 3의 배수를 각각 찾아보면 A 주머니에서는 3, 15이고, B 주머니에서는 3, 6, 9, 18입니다. 사건 A와 사건 B가 각각 따로 진행되므로 동시에 일어날 수 있습니다. 동시에 일어날 수 있는 경우의 수는 곱의 법칙으로 2×4=8입니다. 답은 8가지입니다.

[중학수학(2) 4-12 :: P.115]

12의 약수는 1, 2, 3, 4, 6, 12입니다. 다음 20의 약수는 1, 2, 4, 5, 10, 20입니다. 12의 약수와 20의 약수 중 짝수를 찾아보면 12의 약수에서는 2, 4, 6, 12이고 20의 약수 중에서는 2, 4, 10, 20입니다. A 주머니와 B 주머니가 각각 다르니 동시에 끄집어낼 수 있으므로 곱의 법칙입니다. 따라서 계산을 하면 4×4=16입니다. 답은 16가지입니다.

확률은 경우의 수와는 달리 분수로 나타내야 합니다. 그래서 분모와 분자를 각각 찾아주어야 하지요. 분모를 결정하는 부분은 글을 쭉 읽어나가다가 '~할 때'가 분모를 결정합니다. 위의 글에서 보면 '1, 2, 3, 4, 5의 숫자가 각각 적힌 5장의 카드 중에서 한 장을 뽑을 때'가 분모에 해당됩니다. 그래서 분모는 5가지로 5를 써줍니다. 그다음 글들에서 분자에 쓸 경우의 수를 찾아주면 됩니다. 5장의 카드 중에서 짝수는 2와 4뿐입니다. 그래서 분자에 쓸 수는 2가지로 2입니다. 그래서 분수 모양으로 써주면 우리가 구하고자 하는 확률이 됩니다. 답은 $\frac{2}{5}$ 입니다.

'한 개의 주사위를 2번 던질 때'가 분모에 써줄 경우의 수입니다. $6 \times 6 = 36$ 가지입니다. 주사위 한 개를 두 번 던지므로 곱의 법칙으로 곱한 결과를 써주면 됩니다. 나온 눈의 수의 합이 3이 되는 경우를 분자에 써 주면 됩니다. 나온 눈의 수의 합이 3이 되려면 (1, 2)와 (2, 1)로 2가지입니다. 따라서 분수로 나타내면 $\frac{2}{36}$ 이라는 확률이 나옵니다. 그런데 확률도 분수이므로 약분을 해주면 좋습니다. 그래서 답은 $\frac{1}{18}$ 입니다.

확률을 구했을 때 음수가 나오거나 1보다 큰 수가 나오면 틀린 답입니다. 확률에서는 그런 수는 절대 나올 수 없습니다. 왜냐면 확률은 언제나 0과 1 사이에서만 왔다 갔다 할 수 있습니다. 하지만 0과 1이 될 수도 있습니다.

❶번은 전체 구슬 분의 노란 구슬이므로 전체 구슬이 5개이고 노란 구슬은 두 개로 답은 $\frac{2}{5}$ 입니다.

❷번은 파란 구슬이 3개 있으므로 답은 $\frac{3}{5}$ 입니다.

❸번은 노란 구슬 또는 파란 구슬은 5가지이므로 답은 $\frac{5}{5} = 1$ 입니다.

❹번은 검은 구슬은 없으니까 답은 $\frac{0}{5} = 0$ 입니다.

[중학수학(2) 4-16 :: P.119]

이 문제는 잘 읽어야 합니다. ❶번은 경우의 수이고 ❷번과 ❸번은 확률입니다. 일반적으로 경우의 수는 자연수로 나오고 확률은 분수 모양으로 답이 나옵니다.

❶번 풀이 들어갑니다. 세 가지 모두 뒷면이 나오는 경우는 한 가지뿐입니다. 뒷면, 뒷면, 뒷면 이렇게 말이죠. 그래서 답은 한 가지입니다.

❷번은 3번 모두 뒷면이 나올 확률은 일단 일어날 수 있는 모든 경우의 수를 분모에 써주어야 합니다. 동전을 3번 던질 때가 분모가 된다는 뜻입니다. 동전은 앞면, 뒷면 두 가지씩 있으므로 세 개의 동전일 때는 $2 \times 2 \times 2 = 8$입니다. 그래서 분모에는 8을 써주어야 합니다. 그리고 분자에는 3번 모두 뒷면이 나올 경우로 한 가지가 나옵니다. 따라서 분수로 나타내면 $\frac{1}{8}$ 이 됩니다.

❸번은 '적어도'라는 말이 나오면 여사건의 확률임을 명심하세요. 여사건의 확률은 '1−(반대 사건의 확률)'이므로 1−(3번 모두 뒷면이 나올 확률)=$1 - \frac{1}{8} = \frac{7}{8}$ 입니다.

이렇게 여사건의 확률임을 알 수 있는 문장은 '적어도, ~아닐, ~못할' 확률 등이 있습니다. 꼭 기억해두세요. 시험의 단골 메뉴입니다.

[중학수학(2) 4-17 :: P.121]

사건 A 또는 사건 B에서 '또는'이라는 말이 나오면 이 문제는 볼 것도 없이 확률의 덧셈입니다. 따라서 더하기로 계산을 하면 됩니다.

$\frac{1}{4} + \frac{1}{3} = \frac{7}{12}$

10장의 카드 중에서 3의 배수가 나올 확률은 $\frac{3}{10}$, 7의 배수가 나올 확률은 $\frac{1}{10}$ 입니다.

따라서 답은 $\frac{3}{10} + \frac{1}{10} = \frac{2}{5}$ 이 됩니다.

동전의 앞면이 나올 확률은 $\frac{1}{2}$, 주사위의 짝수의 눈이 나올 확률은 $\frac{3}{6} = \frac{1}{2}$ 입니다. 따라서 구하는 확률은 $\frac{1}{2} \times \frac{1}{2} = \frac{1}{4}$ 입니다.

4문제 틀리고 맞는 것은 각 문제끼리는 서로 영향을 끼치지 않습니다. 문제를 맞힐 확률과 틀릴 확률은 모두 $\frac{1}{2}$ 씩입니다.

(4문제를 모두 틀릴 확률) $= \frac{1}{2} \times \frac{1}{2} \times \frac{1}{2} \times \frac{1}{2} = \frac{1}{16}$

기호들이 많이 나와서 무섭지요. 그냥 우리가 배운 대로 이등변삼각형의 성질과 정의만 잘 생각해서 풀면 됩니다. 위쪽에 보이는 꼭지각이 36도니까 180도에서 36도를 빼면 144도입니다. 그다음에 양쪽으로 밑각을 골고루 둘로 나누어 72도씩 주면 됩니다. 그런데 각 B를 보니까 그것을 또 둘로 나누었지요. 점 표시는 둘의 각의 크기가 똑같다는 뜻입니다. 72도를 둘로 나누면 36도가 됩니다. 각 C가 72도니까 각 D도 계산해보면 72도입니다. 여기서 작은 이등변삼각형이 생깁니다. 삼각형 BCD도 이등변삼각형이 됩니다. 이 문제의 핵심은 이등변삼각형 속에 또 작은 이등변삼각형입니다. 이등변삼각형의 정의는 '두 변의 길이가 같다'

입니다. 선분 BC의 길이가 6이므로 그 이등변인 선분 BD의 길이도 6cm입니다.

답은 6cm입니다.

[중학수학(2) 4-22 :: P.127]

문제를 찬찬히 살펴봅시다. 180도에서 각 B와 각 C를 빼니 각 A는 60도가 됩니다. 각 A가 60도가 되고 삼각형 ADC가 이등변삼각형이라는 사실까지 겹쳐지니 삼각형 ADC는 영락없는 정삼각형입니다. 그리하여 각 DCB가 30도가 됩니다. 그럼 삼각형 DBC는 두 밑각의 크기가 30도인 이등변삼각형이 돼요. 이등변삼각형의 정의에 따라 변 DB와 변 DC는 5cm가 됩니다. 그래서 변 AB의 길이는 5+5=10입니다. 답은 10cm입니다.

[중학수학(2) 4-23 :: P.130]

이 문제의 풀이의 지름길은 두 직각삼각형의 합동에 있습니다. 두 직각삼각형이 보이나요. 삼각형 DAB와 삼각형 ACE가 합동인 것을 알게 되면 이 문제는 쉽게 풀립니다. 이 문제는 야호 각을 이용하여 풀면 금방 풀 수 있습니다. 야호 각이 뭐냐고요? 그림을 보면 알 수 있습니다.

위의 그림에서 왼쪽 위에 '야'라고 적혀 있는 각이 보이지요. 가운데 90도 각이 있고 그다음 '호' 각이 있습니다. '야' 각과 90도와 '호' 각을 모두 더하면 평각으로 180도가 되지요. 삼각형의 내각의 합도 180도입니다.

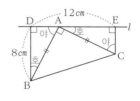

둘이 각의 합이 같습니다. 이제부터는 잘 생각해야 합니다. 삼각형 DAB에서 90도, '야' 각. 삼각형 내각의 합이 180도니까 왼쪽 아래에 있는 각은 자동으로 '호' 각이 됩니다. '야호', 그렇구나! 야호 그렇습니다.

따라서 오른쪽 아래의 각도 자동으로 '야' 각이 됩니다. 그러므로 삼각형 DAB 와 삼각형 ACE는 직각삼각형의 합동이 되지요. 선분 DB가 8cm이니까 선분 AE도 8cm입니다. 따라서 12−8=4cm로 선분 DA와 EC가 4cm입니다.

답은 4cm입니다.

[중학수학(2) 4-24 :: P.130]

(1)번은 직각삼각형의 합동에서 빗변의 길이가 같고 나머지 한 변의 길이가 같으면 합동이라는 말이 있습니다. 위의 그림을 보면 빗변 AE가 공통으로 가운데 들어가 있습니다. 빗변 하나는 찾았고 또 어디 봅시다. 어, 저기 있네요. 변 AD와 변 AC가 같다고 표시되어 있습니다. 그래서 삼각형 AEC와 합동인 삼각형은 삼각형 AED입니다. 삼각형 합동 조건은 빗변하나 직각하나, 변 하나로 이루어진 RHS 합동입니다.

(2)번 문제 풀이는 문제에서 직각이등변삼각형이라는 말에 관심을 모아야 합니다. 직각이등변삼각형은 직각을 두고 양 밑각이 모두 45도인 직각삼각형입니다. 그래서 각 B와 각 A는 모두 45도가 됩니다. 따라서 작은 삼각형 DBE 역시 직각이등변삼각형이 됩니다. 직각이등변삼각형 역시 이등변삼각형이므로 이등변삼각형의 정의를 쓸 수 있습니다. 이등변 삼각형의 정의는 '양옆의 두 변의 길이가 같다'입니다. 그래서 변 DE와 변 DB는 모두 4cm입니다. 답은 4cm입니다.

[중학수학(2) 4-25 :: P.133]

외심이 나왔습니다. 외심하면 떠오르는 삼각형이 있습니다. 바로 이등변삼각형입니다. 다음 그림을 보세요.

이등변삼각형의 성질 알고 있지요? 바로 '두

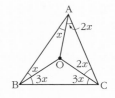

밑각의 크기가 같다'입니다. 그래서 다음 그림과 같이 된 것입니다. 그런데 말입니다. 이 각들을 다 더하면 얼마가 될까요? 어렵게 생각하지 마세요. 삼각형 내각의 합은 언제나 180도입니다. 그래서 다음과 같은 식이 생깁니다.

$x+x+2x+2x+3x+3x=180$, x끼리 모두 더하면 $12x=180$, 180을 12로 나누면 x는 15도입니다. 답은 15도입니다.

[중학수학(2) 4-26 :: P.133]

내심은 세 내각을 이등분합니다. 다음 그림을 보면 이해가 될 것입니다. 각 B와 각 C가 이등분되어 있습니다.

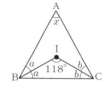

일단 삼각형은 큰 삼각형이든 작은 삼각형이든 내각의 합은 무조건 180도입니다. 삼각형 BIC는 $118+a+b=180$, $a+b=180-118$, $a+b=62$입니다. 자, 이제 삼각형 ABC를 생각해보겠습니다. $\angle A=x°$라고 하면,

$2a+2b+x=180$, $2(a+b)+x=180$, $a+b=62$를 대입

$2\times62+x=180$, $x=180-124=56°$

따라서 답은 56도입니다.

[중학수학(2) 4-27 :: P.135]

(1)번에서 평행사변형은 마주 보는 대변의 길이가 각각 같습니다. 그래서 x의 길이는 12cm. y의 길이도 9cm입니다.

(2)번에서 평행사변형은 마주 보는 대각의 크기가 같습니다. 그래서 x각의 크기는 60도. 평행사변형은 위아래 각의 합이 180도여야 합니다. x인 60도와 y를 합하면 180도이므로 y각의 크기는 120도가 됩니다.

평행사변형은 마주 보는 대각의 크기가 같습니다. 그리고 평행사변형은 이웃하는 두 각의 합은 어느 쪽으로나 180도 가 되어야 합니다. 따라서 각 D는 70도, 각 A의 크기는 110도입니다.

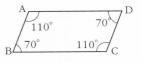

(1) 변 BC와 변 EF는 대응하는 변이고 닮음비는 6 : 8이므로 약분하면 닮음비는 3 : 4가 됩니다.

(2) 닮음비를 알고 있으면 나머지 변의 비 찾기는 식은 죽 먹기입니다. 변 DE를 x라고 두고

9 : x=3 : 4(내항은 내항끼리 곱하고 외항은 외항끼리 곱합니다.)

$3x=36$, $x=12$

답은 12cm입니다.

(3) 대응각의 크기는 변함이 없으므로 그대로 130°입니다.

(1)번 선분 AD와 선분 EH가 대응변입니다. 대응이 딱 맞아야 대응변의 비를 구할 수 있습니다. 12:8입니다. 그런데 닮음비는 최소의 자연수로 두어야 유리하고 계산도 편리합니다. 답은 3:2입니다.

12 : 8= 3 : 2

(2)번 선분 EF의 대응되는 변이 어디일까요? 그렇습니다. 변 AB입니다. 잘 찾았습니다. 3 : 2 닮음비에서 '큰 것 대 작은 것'이라는 순서를 잘 지켜야 합니다.

순서가 바뀌면 답이 틀리게 나옵니다. 선분 XF의 길이를 x라 하면, $3 : 2 = 6 : x$ 비례식의 계산은 내항은 내항끼리 곱하고 외항은 외항끼리 곱해 식을 다시 고쳐 줍니다.

$3x=12$ $x=4$

(3)번의 각 B의 크기는 변하지 않습니다. 그래서 답은 120° 입니다.

[중학수학(2) 4-31 :: P.140]

다 비슷비슷하게 보입니다. 하지만 수학은 이런 것을 탁 꼬집어낼 수 있게 만들어줍니다. 삼각형 닮음 조건의 따져보면 되거든요. 자세히 보면 청바지에 끼인 듯한 끼인각이 보입니다. 삼각형 DEF와 삼각형 KIJ입니다. 끼인각은 30도로 같음을 확인했습니다. 길이의 비가 다르게 보인다고요? 하지만 다시 보세요. 10:14를 약분하면 5:7이 됩니다. 그래서 두 쌍의 대응하는 변의 길이의 비가 같고, 그 끼인각의 크기가 같아서 닮음입니다. 답은 △DEF ∽△KIJ 입니다.

[중학수학(2) 4-32 :: P.140]

이번에도 끼인각을 찾겠습니다. 그림 중에 끼인각이 보이나요? ㄴ과 ㄹ이 보입니다. 각이 60도로 같습니다. 하지만 대응변의 비가 달라 보입니다. 하지만 아직 확인이 안 된 우리의 시각일 뿐입니다. 수학적으로 확인해보겠습니다. ㄴ의 6 :8을 약분하면 3:4로 ㄹ의 대응변의 비와 같아짐을 알 수 있습니다. 여기서 유용하게 사용한 기술이 약분의 기술입니다. 수학적 무기지요. 수학은 무기를 잘 활용할 줄 알아야 합니다. 답은 ㄴ과 ㄹ. 두 변의 길이의 비와 끼인각의 크기가 같습니다.

(1)번은 삼각형 ABD와 닮은 것을 찾으면 일단 공통각을 먼저 찾아야 합니다. 나중에 중학생이 되면 알겠지만 공통각의 힘이란 저 유럽신화에 나오는 용의 힘과도 맞먹습니다. 이 삼각형의 꼭지각 A가 삼각형 ABD와 삼각형 ACE와 공통각이 됩니다. 이것을 발견할 수 있다면 이 문제는 다 푼 것이나 마찬가지입니다. 자, 이제 각을 하나 찾았으니 각 하나만 더 찾으면 됩니다. 지금 우리가 보고 있는 삼각형은 직각삼각형입니다. 그래서 나머지 각은 자동으로 직각이 됨을 알 수 있습니다. 따라서 두 삼각형의 닮음 조건은 AA닮음입니다. 답은 삼각형 ACE입니다.

(2)번 문제를 풀기 위해서는 대응변을 찾아야 합니다. 선분 AB의 대응변은 선분 AC입니다. 두 대응변의 닮음비는 12:9. 수학에서 수의 크기는 작을수록 유리하다고 했습니다. 그래서 12:9를 약분하여 정리하면 4:3이 됩니다. 4:3의 비율을 가지고 변 AD:변 AE=4:3이라는 식을 세울 수 있습니다. 그런데 비가 우연하게 실제 길이와 같네요. 답은 3cm입니다.

이제 공식으로 이 문제를 부셔버릴 겁니다. 오른쪽으로 공격할까요? 왼쪽으로 공격을 할까요? 20보다 15가 작으니까 오른쪽부터 공격하겠습니다.

$$15 \times 15 = 9 \times (x+9), \quad 225 = 9x + 81, \quad 9x = 144$$

$$\therefore x = 16$$

x를 구했으니 x 대신에 수를 써주고 이제는 똥꼬 공식 출동입니다. 냄새나니까 어서 해치웁시다.

$$y \times y = 16 \times 9 = 144$$

$$\therefore y = 12$$

답은 $x=16, y=12$입니다.

[중학수학(2) 4-35 :: P.147]

(1)번의 삼각형 무게중심의 중선의 비는 $2:1$이므로 x의 길이는 4의 반으로 2 입니다. 그다음 중선은 변의 길이를 이등선하는 선과 연결되므로 y는 6의 길이의 반으로 3입니다.

(2)번의 x의 길이는 $2:1$이므로 전체 3의 비율로 맞추어 x의 길이는 3과 6의 합으로 9. y는 4의 두 배로 8이 됩니다. 삼각형의 무게중심은 알고 보니 무척 쉽고 재미나는 게임 같습니다.

5일 중학수학(3) 고등수학과 연결되는 기초를 탄탄히!

[중학수학(3) 5-1 :: P.152]

(1)번은 제곱근이 루트이므로 답은 루트 9, $\sqrt{9} = \sqrt{3^2} = 3$입니다.

(2)번 9의 제곱근은 $+3$과 -3이라고 했지요. 두 개의 제곱근 값을 가집니다.

(3)번 '제곱근 9는 3이고 3의 제곱근은 무엇입니까?'라는 문제입니다. $\sqrt{9} = 3$ 이제 제곱해서 3이 되는 수를 구합니다. 제곱해서 3이 되는 수는 루트를 사용해야 합니다. 답은 $+\sqrt{3}, -\sqrt{3}$

[중학수학(3) 5-2 :: P.152]

ㄱ은 계산해보니 맞습니다. $\sqrt{81} = \sqrt{9^2}$ 으로 제곱근과 제곱이 같이 사려져 9가 나옵니다. 거기다가 마이너스만 붙이면 답입니다. ㄴ으로 가서,

$\sqrt{36} = \sqrt{6^2} = 6$, 따라서 루트 36은 6이므로 6의 양의 제곱근을 구하는 문제입니다. 제곱해서 6이 되는 경우는 없으므로 루트가 다시 등장해야 합니다. 그래서 6의 양의 제곱근은 $\sqrt{6}$ 입니다. 문제를 꼼꼼히 해석해야 하는 문제입니다.

ㄷ을 보겠습니다. −3의 음의 제곱근이라? 마이너스의 제곱근은 존재할 수 없습니다. 앞에서 말한 '음수의 제곱근은 없다.'가 이 경우에 해당됩니다.

ㄹ에 음이 아닌 수의 제곱근은 항상 2개뿐인 것 같지요. 아닙니다. 앞에서 말했듯이 0의 제곱근은 0 하나뿐입니다. 0만 뺀다면 맞는 말이 됩니다. 답은 ㄱ입니다.

[중학수학(3) 5-3 :: P.155]

전부 루트를 쓰고 있으니 다 무리수처럼 보이지요. 루트 안에 완전제곱수가 있으면 루트라는 더운 외투를 벗을 수 있습니다. 루트 안의 완전제곱수를 찾아보세요. ㄱ은 완전제곱수가 아닙니다. 그래서 무리수입니다. ㄴ의 16은 4의 완전제곱수니까 무리수가 아닙니다. 완전제곱수란 똑같은 두 수로 곱한 상태로 나타내는 수를 말합니다. ㄷ의 12는 완전제곱수가 아닙니다. ㄹ의 1.44가 좀 어려워 보입니다. 하지만 1.2를 제곱해보면 1.44가 나와서 루트 1.44도 무리수가 아닙니다. ㅁ의 루트 100도 십의 제곱이니까 무리수가 아닙니다. 답은 ㄱ, ㄷ입니다.

[중학수학(3) 5-4 :: P.155]

실수에서 유리수를 뺀 부분을 무리수라고 합니다. 그러니까 이 문제는 무리수를 찾으라는 뜻입니다. 답은 ㄹ과 ㅁ입니다.

색칠된 정사각형의 넓이를 우선 알아야 합니다. 뭐 어렵지 않습니다. 칸을 잘 생각해서 세기만 하면 됩니다. 작은 정사각형의 한 개의 넓이가 1이니까 탁탁 옮겨 붙이면 색칠된 도형의 넓이는 5입니다. 잘 잘라 붙여보세요. 넓이가 5인 정사각형의 한 변의 길이는 $\sqrt{5}$ 가 됩니다. 그래서 선분 PQ의 길이는 $\sqrt{5}$ 입니다. 점 P(4)에서 출발하여 $4+\sqrt{5}$ 가 점 A의 좌표가 됩니다. 답은 A($4+\sqrt{5}$)입니다.

❶번 풀이입니다.

$$(4+\sqrt{5})-(\sqrt{5}+\sqrt{15})=4+\sqrt{5}-\sqrt{5}-\sqrt{15}$$
$$=4-\sqrt{15}=\sqrt{16}-\sqrt{15}>0 \quad \therefore 4+\sqrt{5}>\sqrt{5}+\sqrt{15}$$

이렇게 푸는 책도 많지만 우리는 쉬운 것을 원합니다. 다른 풀이를 보여주고 나머지도 다른 풀이로 끝장을 내겠습니다.

$4+\sqrt{5}<\sqrt{5}+\sqrt{15}$ 여기서 양변에 $\sqrt{5}$ 가 똑같이 있으니까 동시에 없애도 됩니다.

$4<\sqrt{15}$

여기서 $4=\sqrt{16}$ 이니까 부등호 방향이 잘못되었네요. 작은 쪽으로 아가리를 벌리고 있으니까 말입니다. 입 똑바로 벌리세요.

❷번 풀이입니다.

$3-\sqrt{5}<3-\sqrt{8}$ (양변에 3씩이 공통이므로 함께 없애도 돼요.)

$-\sqrt{5}<-\sqrt{8}$ (음수는 작을수록 커지기 때문에 부등호 방향을 반대로 해야 정답이 됩니다.)

❸번 풀이입니다.

$\sqrt{12}-\sqrt{7}>4-\sqrt{7}$ 양변에 $-\sqrt{7}$ 을 동시에 없애고 식을 좀 가지런히 정리하면 $\sqrt{12}>4$ 에서, 4는 $\sqrt{16}$ 이니까 부등호 방향이 잘못되었습니다.

❹번 풀이입니다.

$3 + \sqrt{2} > \sqrt{2} - 1$ 양변에 $\sqrt{2}$ 를 없애고 식을 정리해서 간단히 해보면 $3 > -1$ 이 맞습니다. 이제야 맞는 것이 나왔습니다.

❺번 풀이입니다.

이건 원래대로 풀어야 합니다. 모두 이항을 시킵니다.

$2 < \sqrt{10} - 2$, $2 - \sqrt{10} + 2 < 0$, $4 - \sqrt{10} < 0$, (4는 $\sqrt{16}$이니까)

$\sqrt{16} - \sqrt{10} > 0$ 으로 부등호 방향이 반대로 되었다는 것을 알 수 있습니다. 답은 ❹번입니다.

[중학수학(3) 5-7 :: P.159]

❶ $\sqrt{3}\,\sqrt{7} = \sqrt{3 \times 7} = \sqrt{21}$

❷ $2\sqrt{3} \times 3\sqrt{2} = (2 \times 3) \times \sqrt{3} \times \sqrt{2} = 6 \times \sqrt{6} = 6\sqrt{6}$ 에서 곱하기는 계산하고 나면 본드처럼 색깔이 사라지기도 합니다. 곱하기 기호를 생략할 수 있다는 뜻입니다.

❸ $\sqrt{6} \div \sqrt{2} = \dfrac{\sqrt{6}}{\sqrt{2}} = \sqrt{\dfrac{6}{2}} = \sqrt{3}$ 에서 무리수도 분수 꼴이 되면 약분됩니다. 확 그냥, 막 그냥, 여기저기 막 그냥 약분하면 됩니다.

❹ $10\sqrt{6} \div 5\sqrt{2} = \dfrac{10\sqrt{6}}{5\sqrt{2}} = 2\sqrt{3}$ 이것 역시 확 그냥, 막 그냥, 여기저기 막 그냥 약분시킨 결과입니다.

[중학수학(3) 5-8 :: P.159]

❶ $\dfrac{3}{\sqrt{3}} = \dfrac{3 \times \sqrt{3}}{\sqrt{3} \times \sqrt{3}} = \dfrac{3\sqrt{3}}{3} = \sqrt{3}$ ($\sqrt{3} \times \sqrt{3} = 3$)

❷ $\dfrac{\sqrt{2}}{\sqrt{7}} = \dfrac{\sqrt{2} \times \sqrt{7}}{\sqrt{7} \times \sqrt{7}} = \dfrac{\sqrt{14}}{7}$ (역시 $\sqrt{7} \times \sqrt{7} = 7$)

❸ $\dfrac{5}{\sqrt{12}} = \dfrac{5}{2\sqrt{3}} = \dfrac{5 \times \sqrt{3}}{2\sqrt{3} \times \sqrt{3}} = \dfrac{5\sqrt{3}}{6}$ ($\sqrt{12} = \sqrt{2^2 \times 3} = 2\sqrt{3}$)

완전제곱수를 끄집어내고 분모의 유리화는 오락처럼 규칙성만 잘 알고 있으면 이해하기 어렵지 않습니다.

❹ $\dfrac{3}{\sqrt{11}} = \dfrac{3 \times \sqrt{11}}{\sqrt{11} \times \sqrt{11}} = \dfrac{3\sqrt{11}}{11}$

[중학수학(3) 5–9 :: P.160]

❶ $4\sqrt{5} + 3\sqrt{5} = (4+3)\sqrt{5} = 7\sqrt{5}$

❷ $-\sqrt{2} - 2\sqrt{2} = (-1-2)\sqrt{2} = -3\sqrt{2}$

[중학수학(3) 5–10 :: P.160]

❶ $5\sqrt{6} + 3\sqrt{6} - 6\sqrt{6} = (5+3-6)\sqrt{6} = 2\sqrt{6}$

❷ $-2\sqrt{5} + 8\sqrt{5} - 3\sqrt{5} = (-2+8-3)\sqrt{5} = 3\sqrt{5}$

[중학수학(3) 5–11 :: P.162]

둘이 곱해져서 생긴 것은 인수가 됩니다. 즉 곱해서 만들어진 일부분은 인수라고 할 수 있습니다. 하지만 ❷번은 될 수 없어요. x^2은 $x \times x$가 있어야 만들어지기 때문입니다.

[중학수학(3) 5–12 :: P.162]

❶ $m(a+b-c)$

❷ $3xy(x-3y)$

[중학수학(3) 5-13 :: P.164]

❶번은 $x^2+10x+25=x^2+2\times x\times 5+5^2=(x=5)^2$는 자격만 갖추어지면 완전제곱식으로 변신할 수 있습니다.

❷번은 $4x^2+4x+1=(2x)^2+2\times 2x\times 1+1^2=(2x+1)^2$입니다.

❸번은 완전제곱식을 만들기 전에 뽑을 것은 뽑아내고 완전제곱식으로 만들어야 합니다.

$2x^2-16x+32=2(x^2-8x+16)=2(x^2-2\times x\times 4+4^2)=2(x-4)^2$

❹번은 앞뒤를 완전제곱식의 형태로 만들어서 전체를 완전제곱식으로!

$9a^2-24ab+16b^2=(3a)^2-2\times 3a\times 4b+(4b)^2=(3a-4b)^2$

[중학수학(3) 5-14 :: P.164]

❶번 공식을 잘 생각해봅니다. 8의 반이 뒤로 가서 제곱이 됩니다. 제곱은 자신을 두 번 곱하는 것을 말합니다. 그러니까 8의 반은 4이고, 4를 두 번 곱하면 16입니다. 답은 16입니다.

❷번 문제 좀 애매해 보입니다. a 앞의 계수가 1이니까 1의 반은 $\frac{1}{2}$ 이지요. 이것을 제곱하면 $\frac{1}{2}\times\frac{1}{2}=\frac{1}{4}$ 입니다. 답은 $\frac{1}{4}$ 입니다.

❸번은 모르는 부분이 가운데 있습니다. 그러면 이번에는 뒤에서 반대로 공격하겠습니다. 9를 3^2으로 만들어 3만 쏙 빼와서 2를 곱해주면 됩니다. 그래서 답은 6입니다.

❹번 문제로 다시 연습해보겠습니다. 49는 7^2이니까 7을 쏙 빼와서 2를 곱해주면 14입니다.

[중학수학(3) 5-15 :: P.166]

❶번의 49는 무엇의 제곱일까요? $7\times 7=49$, 7^2입니다. 그다음 작업 들어갑

니다. $x^2-49=x^2-7^2=(x+7)(x-7)$ 이차식이 일차식으로 내려가면 인수분해 끝입니다.

❷번은 $x^2-64=(x+8)(x-8)$입니다.

❸번의 x만 다루다가 a가 나왔다고 무서워하지 마세요. 과정은 똑같습니다.

$a^2-100=(a+10)(a-10)$

❹번은 약간 신경 써야 할 부분이 있어요. 맨 앞부분 $9x^2$을 보면 완전히 제곱된 모습이 아니지요. 9를 3^2으로 만든 후 $3^2x^2=(3x)^2$로 조그마한 2를 빼내고 한 덩어리의 제곱으로 고쳐주는 작업을 반드시 거쳐야 합니다. 이제 계산 들어가보겠습니다.

$9x^2-1=(3x)^2-1^2$에서 일의 변신도 주목하세요. $1^2=1$, 1은 자신 자신을 몇 번 곱해도 1입니다.

$(3x)^2-1^2=(3x+1)(3x-1)$

[중학수학(3) 5-16 ∷ P.166]

❶번의 16은 무슨 수의 제곱이지요? 4^2입니다. 이제 도전해보겠습니다.

$x^2-(4y)^2=(x+4y)(x-4y)$

❷번의 9는 3^2로 표현할 수 있습니다. 문자의 제곱은 적응이 좀 되는데 수의 제곱은 우리가 찾아내야 하는 경우가 많습니다. 잘 찾을 수 있겠지요.

$9x^2-y^2=(3x)^2-y^2=(3x+y)(3x-y)$

❸번은 $4x^2-9y^2=(2x)^2-(3y)^2=(2x+3y)(2x-3y)$입니다.

❹번은 $9x^2-16y^2=(3x)^2-(4y)^2=(3x+4y)(3x-4y)$입니다.

[중학수학(3) 5-17 ∷ P.167]

❶번의 6의 약수는 1, 2, 3, 6인데 이 중 더해서 7이 되는 것은 1과 6. 그래서

두 정수는 1과 6입니다.

❷번 2의 약수는 1과 2이고, 이것을 합하면 3입니다. 그래서 두 정수는 1과 2입니다.

❸번 15의 약수는 1, 3, 5, 15인데 두 수의 합이 −8이 되려면 3과 5를 써야 합니다. −8이 되려면 3과 5에 −(마이너스)를 붙이면 됩니다. 찾는 두 정수는 −3과 −5입니다.

❹번 18의 약수는 1, 2, 3, 6, 9, 18입니다. 더해서 9가 되는 것은 3과 6이고 이곳에 마이너스를 붙이면 되지요. 따라서 찾는 두 정수는 −3과 −6입니다.

[중학수학(3) 5-18 :: P.168]

❶번 12의 약수 1, 2, 3, 4, 6, 12 중에서 더해서 7이 되는 것은 3과 4로, 인수분해하면 $(x+3)(x+4)$입니다.

❷번 역시 12의 약수 1, 2, 3, 4, 6, 12 중에서 더해서 13이 되는 수는 1과 12입니다. 따라서 인수분해하면 $(x+1)(x+12)$입니다.

❸번 12의 약수 1, 2, 3, 4, 6, 12 중에서 더해서 8이 되는 2와 6을 선택하고 −8을 찾는 것이므로 2와 6에 −(마이너스)를 붙여 넣습니다. 인수분해하면 $(x-2)(x-6)$입니다.

❹번 12의 약수 1, 2, 3, 4, 6, 12 중에서 더해서 13이 되는 수는 1과 12인데 여기에 −(마이너스)를 붙여서 인수분해하면 $(x-1)(x-12)$입니다.

❶ $10x^2 - xy - 2y^2$

$$
\begin{array}{ccc}
5 & \diagdown \nearrow & 2 & \rightarrow & 4 \\
2 & \diagup \searrow & -1 & \rightarrow & + \underline{)-5} \\
& & & & -1
\end{array}
$$

$= (5x+2y)(2x-y)$

답 $(5x+2y)(2x-y)$

❷ $6x^2 + xy - 15y^2$

$$
\begin{array}{ccc}
2 & \diagdown \nearrow & -3 & \rightarrow & -9 \\
3 & \diagup \searrow & +5 & \rightarrow & + \underline{)\,10} \\
& & & & 1
\end{array}
$$

$= (2x-3y)(3x+5y)$

답 $(2x-3y)(3x+5y)$

❸ $-12x^2 + 21xy + 108y^2$

$= -3(4x^2 - 7xy - 36y^2)$

$$
\begin{array}{ccc}
4 & \diagdown \nearrow & 9 & \rightarrow & 9 \\
1 & \diagup \searrow & -4 & \rightarrow & + \underline{)-16} \\
& & & & -7
\end{array}
$$

$= -3(4x+9y)(x-4y)$

답 $-3(4x+9y)(x-4y)$

위 연습을 자유자재로 할 수 있어야 합니다. 연습을 많이 하면 이런 과정을 거치지 않고도 척척 해낼 수 있습니다. 우리가 구구단을 암송할 때 생각해보세요. 자꾸자꾸 실수는 했지만 나중에는 바로바로 나오게 되었습니다. 이 인수분해라는 단원도 마찬가지입니다.

[중학수학(3) 5-20 :: P.169]

이제부터는 감각을 기르는 연습을 충분히 해야 합니다.

❶번 $(x+1)(2x+3)$이라는 답이 나올 때까지 풀어봅니다.

❷번은 $(2x+1)(3x+1)$입니다.

❸번은 $(x+4)(2x+5)$입니다.

❹번은 $(x-3)(3x+4)$입니다.

[중학수학(3) 5-21 :: P.171]

연습만이 실력을 길러줍니다. $a+1=$A로 치환합니다. A로 식을 다시 세워봅니다.

$A^2-3A-10$

이제 A에 대한 인수분해를 해보겠습니다.

$=(A+2)(A-5)$

$a+1=$A이므로 다시 대입시켜주세요.

$=(a+1+2)(a+1-5)$

$=(a+3)(a-4)$

[중학수학(3) 5-22 :: P.171]

$2x-3=$A, $x+3=$B로 치환합니다. 다시 말하지만 치환은 좀 더 간단한 문자로 대신 써주는 것을 말합니다. 그리고 A^2-B^2합 차의 꼴로 나타냅니다.

$=(A+B)(A-B)$

$=((2x-3)+(x+3))((2x-3)-(x+3))$

$=3x(x-6)$

[중학수학(3) 6-1 ∷ P.177]

이차방정식의 참모습을 찾아 떠나겠습니다. ㄱ을 보고 당장 이차방정식이 아니라는 것을 알았습니다. 왜일까요? 이차방정식이 되려면 반드시 등호(=)라는 장식품이 있어야 합니다. 다시 길을 떠나 ㄴ을 만났습니다. 오호, 우리가 찾고 있는 이차방정식의 모습입니다. 상수항이 하나 없다는 아쉬움이 남지만 그건 이차방정식에게 그리 큰 문제는 아닙니다. ㄷ도 마찬가지입니다. x^2만 든든히 지니고 있으면 이차방정식이라고 만천하에 외치는 데 별 어려움이 없습니다.

ㄹ부터 모험이 힘들어지게 될 것입니다. 갈등이 생기기 시작하니까요. 일단 좌변의 ( )를 분배법칙에 의해 풀어주세요. 사무친 원한을 풀어주듯이 말입니다.

$x^2-x=x^2+1$에서 등호의 강을 건너는 이항이라는 모험을 떠나면 부호가 바뀐다는 계시를 잊지 마세요.

$x^2-x=x^2+1$, $x^2-x-x^2-1=0$

자, 등호를 건넌 모습을 보세요. 연기처럼 사라지는 것들이 보이나요. 정리해 보겠습니다.

$-x-1=0$

앗, 이차항이 사라지고 없습니다. 그래서 이 방정식은 더 이상 이차방정식이 아니라 일차방정식이 되었습니다.

다음으로 ㅁ, 이 식 역시 우변을 분배의 마법을 걸어보겠습니다. $x^3+2x=x^3-x^2$에서 등호의 강을 건너 이항을 할 차례입니다. $x^3+2x-x^3+x^2=0$을 정리하면 사라지는 삼차항 x^3, x^2은 당당히 남았습니다. 이 방정식은 이차방정식이 확실합니다. 답은 ㄴ, ㄷ, ㅁ입니다.

주어진 ( )안의 값을 x자리에 대입시켜서 0이 되는지 아닌지를 알아보면 됩니다.

❶번의 $(-2)^2+2\times(-2)=0$으로 -2를 대입하니 0이 나오네요. 답은 **O**입니다.

❷번의 x자리에 1을 대입시킵니다. $1^2-2\times1+1=0$ 이것도 맞네요. 답은 **O**입니다.

❸번의 $0^2+0+1\neq0$으로 틀렸으니 답은 **X**입니다.

❹번의 $2\times(-1)^2-(-1)=3\neq0$으로 틀렸어요. 답은 **X**입니다.

❺번은 $4\times1^2-3\times1-1=0$ 입니다. 답은 **O**입니다.

괄호 안을 0으로 눈물 흘리게 만들면 됩니다.

❶ $x=0$ 또는 $x=-3$ ❷ $x=2$ 또는 $x=3$ ❸ $x=-1$ 또는 $x=4$ ❹ $x=3$ ❺ $x=-1$ ❻ $x=-\dfrac{1}{2}$

❶번은 공통인수 x를 찾아내는 게임의 인수분해입니다. $x(x-6)=0$, $x=0$ 또는 $x=6$

❷번은 숙달되어야 할 수 있는 인수분해의 형태입니다. 앞의 계수와 뒤의 계수를 맞추어 중간 계수랑 비교해서 만들어내는 기술의 묘미가 필요합니다.

$(5x-3)(x+1)=0$ 따라서 $x=\dfrac{3}{5}$ 또는 $x=-1$

❸번은 우리가 앞에서 배운 기술들을 많이 이용해야 합니다. ()가 있으므로 분배법칙으로 전개시키세요.

$x(x-5)=-3(x-5),\ x^2-5x=-3x+15,$ (이항의 기술을 이용하여 등호의 왼쪽으로 차례로 넘겨주세요.)

$x^2-5x+3x-15=0,\ x^2-2x-15=0$ (이제 인수분해 들어갑니다.)

$(x+3)(x-5)=0,$ 이제 눈물을 흘릴 시간입니다. 따라서 $x=-3$ 또는 $x=5$입니다.

❹번의 문제 얼핏 잘못 보면 인수분해된 것 같지요. 아닙니다. 전개해서 다시 인수분해해야 합니다. 작업 들어가겠습니다.

$x(x+4)=-4,\ x^2+4x+4=0,\ (x+2)^2=0,\ \therefore x=-2$

오, 이 문제 중근입니다. 이 정도 배웠으면 중근이 뭔지도 기억해야 합니다. 알고 있으리라 믿습니다.

[중학수학(3) 6-5 :: P.182]

이 문제들은 제곱근을 이용한 이차방정식의 풀이로 해결해야 합니다.

❶번은 일단 x^2이 있는 항은 두고 수는 오른쪽으로 넘깁니다. 이항하면 부호가 바뀝니다.

$3x^2=21$ (x^2 앞의 3을 등식의 성질을 이용하여 나눕니다), $x^2=7$ (여기서 계산 멈칫, 제곱해서 7이 되는 수를 모르겠지요. 그럴 때 쓰는 것이 바로 루트입니다.) $x=\pm\sqrt{7}$ 에서 뭐 더 할 거 있냐고요? 없습니다. 이게 답입니다.

❷번 풀이.

$x^2-5=0$ (일단 이항의 성질을 이용하여 -5가 $+5$가 되도록 등호의 저편으로 넘기세요.)

$x^2=5$ (제곱해서 5가 되는 수가 없으니 불러요. 루트를 부르면 됩니다.)

$x=\pm\sqrt{5}$

❸번 풀이.

$4(x-1)^2=20$ (괄호 앞 4가 싫지요. 그래서 양변을 4로 나눠줍니다.)

$(x-1)^2=5$(약간 슬림하게 다이어트가 되었군요. 조그마한 2를 없애기 위해 루트를 불러요.)

$(x-1)=\pm\sqrt{5}$(수학은 말이지요. x의 값을 찾는 거랍니다. -1을 넘겨요.)

$x=1\pm\sqrt{5}$

❹번 풀이.

이제 가장 고난도 기술이 필요합니다.

$(3x-5)^2=6$(일단 왼쪽 위의 조그만 한 수 2를 없앱니다.)

$(3x-5)=\pm\sqrt{6}$(그 다음 차례로 이항을 시키세요.)

$3x=5\pm\sqrt{6}$ (여기가 끝이 아닙니다. x 앞의 3을 등식의 성질로 나누어 없애버려요.)

$\dfrac{3}{3}x=\dfrac{5\pm\sqrt{6}}{3}$ (왼쪽의 분모 3과 분자 3이 동시에 폭발해 사라집니다. 연기만 자욱합니다.)

$x=\dfrac{5\pm\sqrt{6}}{3}$

[중학수학(3) 6-6 :: P.183]

❶번은 -15를 이항 시켜주세요. 부호가 $-$(마이너스)에서 $+$(플러스)로 바뀝니다. $3x^2=15$는 3으로 양변을 나눕니다. 많이 연습해야 합니다.

$\dfrac{3}{3}x^2=\dfrac{15}{3}$, $x^2=5$, $x=\pm\sqrt{5}$

❷번도 이항부터 시킵니다. $4x^2=49$. 이제 양변을 4로 나눕니다. $x^2=\dfrac{49}{4}$, x 위의 조그마한 수 2를 없애는 대가로 루트 불러와주세요. $x=\pm\sqrt{\dfrac{49}{4}}$ 루트의 성질에 의해 한 무대기 루트는 분모 분자로 가를 수 있습니다. $x=\pm\dfrac{\sqrt{49}}{\sqrt{4}}$ 요기서 끝이 아닙니다. 루트 안의 완전제곱수는 루트를 벗어던질 수 있습니다.

$x=\pm\dfrac{\sqrt{7^2}}{\sqrt{2^2}}=\pm\dfrac{7}{2}$

❸번은 일단 괄호 앞에 있는 3을 등식의 성질을 이용하여 나눕니다. $(x-1)^2=4$, 괄호 위의 조그만 수를 없애는 데는 루트의 도움이 필요해요.

$(x-1)=\pm\sqrt{4}$ (루트 안에 완전제곱수가 보이지요. 4라고요? 그래요. 2^2가 완전제곱수입니다.

$(x-1)=\pm\sqrt{2^2}$, $(x-1)=\pm 2$ (이제 계산만 남았는데 좀 신경 쓰이지요.)

$x-1=+2$, $x-1=-2$ 따로 계산해보면 $x=3$ 또는 $x=-1$입니다. 한꺼번에 계산하지 마세요. 따로따로 하세요.

❹번 풀이.

$(2x-1)^2=8$ (지수라는 조그마한 2가 보이지요. 그럼 루트를 불러요.)

$(2x-1)=\pm\sqrt{8}$ (루트 안에서 완전제곱수만 빼내기 위해서 소인수분해를 실시합니다.)

$(2x-1)=\pm\sqrt{2^2\times 2}=\pm 2\sqrt{2}$, $(2x-1)=\pm 2\sqrt{2}$ (이항으로 좌변의 -1을 휘리릭.)

$2x=1\pm 2\sqrt{2}$ (이제 양변을 2로 나눕니다.)

$\dfrac{2}{2}x=\dfrac{1\pm 2\sqrt{2}}{2}$ (좌변만 계산되고 우변은 그대로 남기면 답이지요.)

$x=\dfrac{1\pm 2\sqrt{2}}{2}$

[중학수학(3) 6-7 :: P.184]

차례로 답을 써내려가면 $-2, 9, 9, 3, 7, 3, \pm\sqrt{7}, -3\pm\sqrt{7}$

[중학수학(3) 6-8 :: P.184]

$x^2+3x+1=0$ (수로만 이루어진 $+1$을 우변으로 들어서 이항합니다.)

$x^2+3x=-1$ ($(3\times\dfrac{1}{2})^2=\dfrac{9}{4}$를 양변에 더합니다.)

$x^2 + 3x + \dfrac{9}{4} = -1 + \dfrac{9}{4}$ (이제 왼쪽 식을 완전제곱식으로 만듭니다.)

$(x + \dfrac{3}{2})^2 = \dfrac{5}{4}$ (이제껏 배웠던 제곱근 풀이 방법을 이용합니다.)

$x + \dfrac{3}{2} = \pm \dfrac{\sqrt{5}}{2}$

$x = \dfrac{-3 \pm \sqrt{5}}{2}$

이것이 우리가 구하고자 하는 이차방정식의 근입니다.

[중학수학(3) 6-9 :: P.186]

ㄱ의 y는 수로만 된 상수함수이므로 이차함수가 아닙니다. ㄴ은 전형적인 이차함수의 모습입니다. ㄷ 역시 이차함수가 확실합니다. ㄹ은 계산을 좀 해봐야 압니다.

$y = (x-3)^2 - x^2 + 2x$, 일단 괄호부터 풀어보겠습니다. 전개는 바로 괄호를 푸는 기술입니다.

$y = x^2 - 6x + 9 - x^2 + 2x$ (이제 두 눈 시퍼렇게 뜨고 쳐다봐야 합니다. 사라지는 것이 보이나요. x^2항끼리 없어집니다.)

$y = -4x + 9$ (이 형태는 우리가 원하는 이차함수의 모습이 아니라 일차함수의 모습입니다.)

그래서 ㄹ은 이차함수는 아닙니다.

ㅁ은 x^2항이 두 눈 시퍼렇게 뜨고 살아 있으므로 이차함수가 맞습니다. 이차함수는 y항과 x^2항만 있으면 됩니다. 답은 ㄱ,ㄹ입니다.

[중학수학(3) 6-10 :: P.187]

(1) x분 후 직사각형의 가로, 세로의 길이는 각각 $(2+2x)$ cm, $(2+x)$ cm이므로 직사각형의 넓이는 $y = (2+2x)(2+x)$ 입니다. 괄호를 풀어주기 위해서 전개합니다. 그리고 동류항끼리 계산하여 정리하겠습니다. 따라서 $y = 2x^2 + 6x + 4$ (두 일차

식의 곱의 결과로 이차함수가 생겨났습니다.)

(2) y가 x에 관한 이차식으로 나타내어지므로 이 식은 y는 x에 관한 이차함수입니다.

[중학수학(3) 6-11 :: P.189]

'위에 있다' 또는 '위에 있지 않다'라는 것은 점의 좌표를 대입하여 좌변의 값과 우변의 값이 같으면 위에 있는 것이고 다르면 위에 있지 않다는 것입니다. ❺번의 좌푯 값을 대입하면 y자리에 6, x자리에 -3, $y=x^2$에 대입하면 $6=(-3)^2$, $6 \neq 9$이 됩니다. 따라서 ❺번은 $y=x^2$의 그래프 위에 있지 않습니다.

[중학수학(3) 6-12 :: P.189]

$y=x^2$의 함수의 그래프 기억나나요? 아래로 볼록한 그림 맞습니다. x^2앞에 마이너스가 없으면 아래로 볼록한 그림입니다. 따라서 ❶은 옳습니다. ❷번에 꼭짓점의 좌표 역시 원점인 $(0, 0)$이 확실합니다. 확인하고 싶으면 $(0, 0)$을 대입하여 좌변과 우변의 결과가 같은지 확인하면 됩니다. ❸번은 그림을 통해 확인하는 것이 확실한 방법입니다.

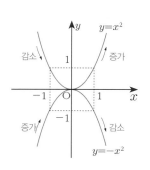

그림을 보니 알겠지요. y축 대칭이 아니라 x축으로 접어서 만나는 x축 대칭입니다. ❹번 풀이도 그림을 보면서 생각해봐야 합니다. $x=0$이라는 말은 y축과 같은 말입니다. y축을 따라서 접으면 만나게 됩니다. 그래서 선대칭도형이 맞아요.

❺번은 잘 생각해야 합니다. $y=x^2$의 그림에서 x가 음수인 지역($x<0$)에서 x의 수가 커짐

에 따라 y의 수는 그래프를 따라 아래로 내려옵니다. 작아진다는 뜻이지요. 그럼 ❺번의 풀이는 맞네요. 이 문제 매우 자주 나옵니다. 답은 ❸번입니다.

[중학수학(3) 6-13 :: P.191]

점 $(-2, 8)$을 지난다는 뜻은 좌표 $(-2, 8)$를 $y=ax^2$에 대입하라는 뜻입니다.

$y=ax^2 (\leftarrow x=-2, y=8$ 을 대입시키세요)

$8=4a, \therefore a=2$

[중학수학(3) 6-14 :: P.191]

a의 값이 양수이면 아래로 볼록한 그래프이고, a의 값이 음수이면 위로 볼록한 그림입니다. a의 값이 가장 작은 것을 고르려면 일단 음수를 고르고 그중에서 음수의 값이 작으면 작을수록 그래프의 폭은 좁아집니다. 따라서 답은 ㅁ입니다. 빼빼한 것을 찾는 이유는 빼빼해야 음수 값이 커집니다. -3이 -2보다 작은 것을 잘 생각해보면 이해가 될 것입니다.

[중학수학(3) 6-15 :: P.193]

❶번에서 y축으로 평행이동은 맨 뒤에 주어진 수를 붙여주기만 하면 됩니다. 풀로 딱 붙여보세요. $y=-2x^2+4$에서 꼭짓점의 좌표는 $(0, 4)$, 축의 방정식은 $x=0$입니다.

❷번도 주어진 수를 풀로 붙여주세요.

$y=\dfrac{2}{3}x^2-2$에서 꼭짓점의 좌표는 $(0, -2)$, 축의 방정식은 $x=0$입니다. y축의 평행이동은 축의 방정식이 모두 같습니다. $x=0$입니다.

❶ 꼭짓점의 좌표 $(0, 1)$ 축의 방정식은 $x=0$

❷ 꼭짓점의 좌표 $(0, -4)$ 축의 방정식은 $x=0$

(1)번 x축의 이동은 반드시 괄호를 사용해야 합니다. $y=-3(x-2)^2$

괄호 안에 수를 넣을 때 청개구리처럼 반대로 넣어주면 틀림이 없게 됩니다.

(2)번 꼭짓점의 좌표는 $(2, 0)$입니다.

(3)번 축의 방정식은 $x=2$입니다.

(4)번도 그림으로 설명하면 좋지만 위로 볼록한 그림을 상상하면서 푸는 연습도 반드시 필요합니다. 축의 방정식 왼쪽에서 그런 현상이 생깁니다.

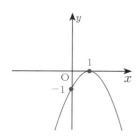

우선 꼭짓점부터 찾아보고 괄호 안의 부호 반대 $(1, 0)$, 축의 방정식도 찾습니다.

x축 이동은 괄호 안으로 들어가면서 부호가 바뀝니다. 반면 y축 이동은 그대로 계산해주면 되고요. 공식에서 따질 때 하는 이야기입니다.

$$y=-2(x-4-1)^2-1-2$$

답은 $y=-2(x-5)^2-3$입니다.

[중학수학(3) 6-20 ∷ P.196]

그림이 아래로 볼록하니 a는 양수 $(a>0)$이고, 꼭짓점 (p, q)가 제4사분면 위에 있으므로 p>0, q<0입니다. 따라서 답은 $a>0$, p<0, q<0입니다.

[중학수학(3) 6-21 ∷ P.199]

일단 평균을 구해보면 다음과 같습니다.

$$(평균) = \frac{7+4+6+3+7+5+7+9+8+4}{10} = \frac{60}{10} = 6$$

중앙값을 구하기 전에 작은 값에서부터 크기순으로 나열하면 3, 4, 4, 5, 6, 7, 7, 7, 8, 9으로 짝수 개입니다. 가운데 두 변량의 합을 2로 나누면 다음과 같습니다.

$$(중앙값) = \frac{6+7}{2} = 6.5$$

[중학수학(3) 6-22 ∷ P.199]

극단적인 값 148이 있어 평균은 그 값에 너무 큰 영향을 너무 받으므로 대푯값으로 적당하지 않습니다. 따라서 중앙값이 대푯값으로 적당합니다. 이런 극단적인 변량이 있을 때 사용하기 좋은 것이 중앙값입니다.

이제 최빈값에 대하여 알아보겠습니다. 최빈값이란 각 변량 중에서 가장 많이 나타나는 값을 말합니다. 자료가 1, 1, 2, 2, 2, 3, 4, 4, 4 인 경우에 최빈값은 두 개입니다. 2와 4인데 그 이유는 2와 4가 가장 많이 등장했기 때문입니다. 자료의 값 중에서 도수가 가장 큰 값이 한 개 이상 있으면 그 자료의 값이 모두 최빈값입니다. 정말 독특한 성질을 가지고 있네요. 다른 성질로는 각 자료의 값의 도수가 모두 같으면 최빈값은 없습니다. 예를 들어 2, 3, 4, 5, 7 각각의 도수의 개수가 1개씩으로 모두 같지요. 그럼 포기입니다. 최빈값은 없습니다.

그럼 이런 최빈값은 언제 사용될까요? 자료의 수가 많은 경우에 평균이나 중앙값보다 구하기 쉽고, 숫자로 나타내지 못하는 자료의 경우에도 쉽게 구할 수 있는 강력한 장점이 있습니다. 자료가 수가 아니라 노랑, 초록, 초록, 파랑, 파랑, 초록인 경우에 최빈값은 초록입니다. 승태쌤이 건물 모퉁이에 숨어서 최빈값이 언제 활동하나 하고 살펴보았습니다. 선호도 조사를 할 때 주로 사용하였고 숫자로 나타내지 못하는 경우에도 사용하였습니다. 승태쌤에게 딱 걸렸습니다.

[중학수학(3) 6-23 :: P.199]
❶번은 3이 4번으로 가장 많이 나왔으므로 최빈값은 3입니다.
❷번은 4와 5가 모두 3번씩 가장 많이 나왔으므로 최빈값은 4와 5입니다.
❸번은 각 자료의 값이 1번씩 나왔으므로 최빈값은 없습니다.

[중학수학(3) 6-24 :: P.200]
가장 많이 나온 수는 7로 그의 가족 수는 3입니다. 답은 3입니다.

[중학수학(3) 6-25 :: P.201]
편차의 합은 언제나 0이므로 모두 더해 0이 되게 하는 x값을 찾으면 됩니다.
$-3+5+(-2)+1+x=0$, 따라서 x는 -1입니다.

[중학수학(3) 6-26 :: P.202]

편차의 합은 언제나 0입니다. 그럼 위의 수들을 모두 더하면 0이라는 뜻입니다. 다 더해서 0을 만들어보세요.

$-4+8+x+10+(-4)+(-1)=0$, 따라서 $x=-9$입니다.

편차는 변량에서 평균을 뺀 값이니까 몸무게는 $68+(-9)=59kg$이 됩니다. 편차가 -9가 나왔다는 소리는 평균보다 9가 작다는 뜻이지요. 이렇게 편차는 음수가 나올 수 있습니다.

[중학수학(3) 6-27 :: P.204]

분산을 구하기 전에 평균을 먼저 구해야 합니다.

(1)번은 $(평균)=\dfrac{83+85+79+88+86+89}{6}=\dfrac{510}{6}=85$ 입니다.

(2)번의 편차는 변량에서 평균을 뺀 값입니다.

학생	A	B	C	D	E	F
편차	-2	0	-6	3	1	4
$(편차)^2$	4	0	36	9	1	16

(3)번, 분산은 편차의 제곱의 평균입니다.

$(분산)=\dfrac{4+0+36+9+1+16}{6}=\dfrac{66}{6}=11$

(4)번, 표준편차는 분산에 루트를 씌운 것입니다.

$(표준편차)=\sqrt{11}$

[중학수학(3) 6-28 :: P.204]

평균, 분산, 표준편차는 다음과 같습니다.

$(평균)=\dfrac{8+8+9+10+10+9}{6}=9$

편차가 각각 $-1, -1, 0, 1, 1, 0$ 이므로

$$(분산) = \frac{(-1)^2 + (-1)^2 + 0^2 + 1^2 + 1^2}{6} = \frac{2}{3}$$

$$(표준편차) = \sqrt{\frac{2}{3}} = \frac{\sqrt{6}}{3}$$

[중학수학(3) 6-29 :: P.206]

도수의 총합이 40인 짝수이므로 자료를 작은 값에서부터 크기순으로 나열할 때, 20번째와 21번째 자료가 속하는 계급은 10 이상 20 미만이므로

(중앙값)=(10이상 20미만인 계급의 계급값)=15

그다음 최빈값을 구해보면 도수가 가장 큰 계급은 도수가 15인 20 이상 30 미만이므로

(최빈값)=(20이상 30미만인 계급의 계급값)=25

[중학수학(3) 6-30 :: P.206]

도수의 총합이 25로 홀수이므로 자료를 작은 값에서부터 크기순으로 나열할 때, 13번째 자료가 속하는 계급은 70 이상 80 미만이므로 중앙값은 75점입니다. 최빈값은 쉬워요. 학생 수가 8명이 가장 많으므로 최빈값은 75점이 됩니다.

[중학수학(3) 6-31 :: P.209]

일단 분산으로 구하기 전에 평균부터 구해야 분산을 구할 수 있습니다.

$$(평균) = \frac{4 \times 3 + 5 \times 6 + 6 \times 3 + 7 \times 4 + 8 \times 4}{20} = 6(회)$$

평균을 6이라고 구했습니다. 시작이 반이라고, 평균을 구하면 반은 시작한 겁니다. 이제 분산 구하는 장면을 검은자 위에 힘을 주어 보도록 하세요. 분산은 편차의 제곱의 평균입니다.

$$(분산) = \frac{(-2)^2 \times 3 + (-1)^2 \times 6 + 0^2 \times 3 + 1^2 \times 4 + 2^2 \times 4}{20} = 1.9$$

분산을 구했으니 이제 '야, 거기 루트 이리 와라!' 분산에 루트를 씌우면 표준 편차입니다.

$$(표준편차) = \sqrt{1.9} \, (회)$$

[중학수학(3) 6-32 ∷ P.209]

❶번부터 ❺번까지의 평균은 모두 4로 같습니다. 이때 표준편차가 가장 크다는 것은 자료의 평균으로부터의 흩어진 정도가 심한 것을 말하므로 표준편차가 가장 큰 것은 ❶번입니다. 들쑥날쑥한 것이 표준편차가 큰 것입니다. 답은 ❶번입니다.

7일 중학수학(3) 중학수학의 핵심을 배운다

[중학수학(3) 7-1 ∷ P.215]

색칠된 삼각형의 넓이는 중간 크기의 정사각형 ACHI의 반임을 알 수 있는데 문제는 중간 크기의 정사각형의 한 변의 길이를 알아야 한다는 것입니다. 이때 "도와줘요. 피타고라스!"라고 한번 외쳐볼까요? 삼각형 ABC가 직각삼각형이니까 15의 제곱은 9의 제곱과 모르는 변의 길이 x제곱의 합과 같습니다. 그래서 다음과 같은 식을 세울 수 있습니다.

$15^2=9^2+x^2$, $225=81+x^2$, $x^2=144$, $x=12$

따라서 중간 정사각형의 넓이는 $12 \times 12 = 144$, 그래서 색칠한 삼각형의 넓이는 정사각형의 반으로 $\dfrac{1}{2} \times 144 = 72$입니다.

[중학수학(3) 7-2 :: P.215]

일단 그림을 잘 봐야 합니다. 직사각형 LMGC와 정사각형 ACHI의 넓이가 같다는 것을 미리 알고 시작해야 합니다. 앞에서 설명을 잘 읽은 학생은 이미 알고 있지요. 따라서 색칠한 넓이는 정사각형 ACHI의 넓이의 반이 됩니다. 정사각형 ACHI의 넓이를 구해야 하는데, 그 넓이를 구하려면 한 변의 길이인 AC의 길이를 알아야 합니다. 그래서 직각삼각형 ABC에 주목! 앗, 직각삼각형이네요. "피타고라스, 도와줘요."를 한번 외칩시다.

$12^2=10^2+x^2$, $144-100=x^2$, $x^2=44$

답이 다 나온 거나 마찬가지입니다. 정사각형의 넓이는 44입니다. 따라서 우리가 찾고자 하는 색칠된 삼각형의 넓이는 $\dfrac{1}{2} \times 44 = 22$입니다.

[중학수학(3) 7-3 :: P.217]

90도보다 작으면 예각삼각형인데, 일단 예각삼각형이든 무슨 삼각형이든 일단 삼각형의 조건을 만족해야 합니다. 삼각형이 만들어지는 조건은 두 변의 차이보다 크고 두 변의 합보다는 작아야 합니다. 그러니까 8-6보다는 커야 하고 8+6보다는 작아야 된다는 뜻입니다. 이것을 부등식으로 나타내보면 다음과 같습니다.

$2<x<14$

이렇게 삼각형의 조건을 흐뭇하게 만족하면 이제 예각의 조건식을 만들어보겠습니다.

$x^2 < 6^2 + 8^2$

예각삼각형이 되려면 두 변의 길이의 제곱의 합보다 작아야 합니다. 그 사이에서 예각의 모습이 왔다 갔다 하면서 만들어집니다.

$x^2 < 6^2 + 8^2$, $0 < x < 10$

삼각형이 만들어지는 조건과 예각삼각형의 조건을 동시에 만족시키는 것은

$2 < x < 10$

x의 길이는 2와 10 사이를 왔다 갔다 하면서 흔들흔들 예각을 만들 수 있습니다.

[중학수학(3) 7-4 :: P.218]

각이 90도보다 크면 무슨 삼각형이지요? 그래요, 두리둥실 둔각삼각형입니다.

아무리 둔각이라고 할지라도 일단은 삼각형이 만들어지는 조건을 만족해주어야 합니다.

$8 - 6 < x < 8 + 6$, $2 < x < 14$

두리둥실 둔각 조건 들어갑니다.

따라서 $x^2 > 6^2 + 8^2$, $x > 10$

두 조건을 원만하게 만족시키는 공통적인 조건은 $10 < x < 14$입니다.

[중학수학(3) 7-5 :: P.220]

위의 그림을 보면 추운 겨울 날리던 가오리연이 생각나요. 서로 마주 보는 대변의 제곱의 합끼리 결과가 같다는 것을 이용하면 답은 금방 나옵니다.

$2^2 + x^2 = 4^2 + (\sqrt{10})^2$, $x^2 = 22$, $x = \sqrt{22}$

계산 과정은 차근차근 앞에서 배운 제곱근의 성질을 이용해서 풀어나가면 답

이 나옵니다.

아까 그림이 가오리연이었다면 지금 그림은 방패연입니다. 서로 같은 편의 제곱의 합을 이용하여 식을 세우면

$$5^2 + 4^2 = x^2 + 6^2, \ x^2 = 5, \ x = \sqrt{5}$$

이것 역시 제곱근의 성질을 이용하여 차근차근 풀면 답이 나옵니다.

$$x^2 = 5 \times 9 = 45, \quad \therefore x = \sqrt{45} = 3\sqrt{5}$$
$$y^2 = 4 \times 9 = 36, \quad \therefore y = 6$$
$$z^2 = 5 \times 4 = 20, \quad \therefore z = \sqrt{20} = 2\sqrt{5}$$

일단 선분 AH를 x라고 하면 $x^2 = 4 \times 10$, $x = \sqrt{40} = 2\sqrt{10}$ 입니다. 따라서 삼각형의 넓이를 구하면 $\frac{1}{2} \times 14 \times 2\sqrt{10} = 14\sqrt{10}$ 입니다. 답은 $14\sqrt{10}$ 입니다.

$sinA$(사인 에이)는 $\frac{(높이)}{(빗변)}$ 이므로 $\frac{12}{13}$, $cosA$(코사인 에이)는 $\frac{(밑변)}{(빗변)} = \frac{5}{13}$

$tanA$(탄젠트 에이)는 $\frac{(높이)}{(밑변)} = \frac{12}{5}$ 입니다.

[중학수학(3) 7–10 :: P.228]

순서대로 답을 쓰면 사인, 코사인, 탄젠트, $sinA$, $cosA$, $tanA$, 삼각비입니다.

[중학수학(3) 7–11 :: P.231]

일단 x를 구할 텐데 x를 포함하고 있는 삼각비는 cos(코사인)입니다. $cos35°$ $=\dfrac{10}{x}$ 는 간단하지만 외워두어야 할 계산법입니다. x와 $cos35°$를 바꿔치기 해도 됩니다. 진짜요? 정말입니다. 믿으세요. $x=\dfrac{10}{cos35°}$ 에서 x의 값이 너무 복잡하지요. 그래도 그게 답이 맞습니다.

다음은 y를 구할게요. y를 포함하고 있는 삼각비는 tan(탄젠트)입니다. $tan35°=\dfrac{y}{10}$, 이것 역시 등식의 성질을 이용하여 $y=10tan35°$ 입니다.

[중학수학(3) 7–12 :: P.232]

❶번은 $sin16°=\dfrac{x}{100}$ 이므로
$$x=100sin16°=100×0.28=28$$
❷번은 $cos16°=\dfrac{y}{100}$ 이므로
$$y=100cos16°=100×0.96=96$$

[중학수학(3) 7–13 :: P.233]

공식대로 하면 됩니다.
$$\frac{1}{2}×8×10×sin60°=\frac{1}{2}×8×10×\frac{\sqrt{3}}{2}=20\sqrt{3}$$

풀이 과정에 따라 답을 쭉 써주면

$180° - \angle A$, $\dfrac{h}{b}$, $b\sin(180° - A)$, $\dfrac{1}{2}ch = \dfrac{1}{2}bc\sin(180° - A)$

이 풀이는 각 A가 둔각일 때 쓰는 방법입니다. 알아두세요.

원의 중심에서 현에 수직으로 때리면 현은 이등분됩니다. 따라서 10의 반은 5입니다. 그림에서 보이는 삼각형은 직각삼각형입니다. 3:4:5의 비가 성립되는 직각삼각형이므로 x의 값은 5 cm입니다. 답은 5입니다.

삼각형 AMO에서 6:8:10의 비가 성립하니까 선분 AM의 길이는 8입니다. 선분 AB의 길이는 선분 AM의 두 배로 16입니다. 그리고 원의 중심으로부터 같은 거리에 있는 두 현의 길이는 서로 같습니다. 따라서 x의 길이는 16입니다.

삼각형 PAB는 이등변삼각형입니다 따라서 이등변삼각형의 성질에 따라 두 밑각의 크기는 같아집니다. 180-70=110에서 110를 반으로 나누면 각 x는 55°가 됩니다.

원의 반지름은 항상 똑같습니다. 선분 BO 역시 원의 반지름이므로 9 cm이고,

선분 AO도 9*cm*입니다. 이제 피타고라스를 부를 차례입니다. 직각삼각형 PBO에서 선분 PO는 6+9=15*cm*이고 선분 BO는 9*cm*입니다. 피타고라스의 정리에 의해 선분 PB는 12*cm*입니다. 피타고라스의 비 9:12:15로 바로 알 수 있습니다. 그러면 이제 사각형의 둘레의 합을 구해 봅니다. 12+12+9+9=42이므로 답은 42*cm*입니다.

[중학수학(3) 7-19 :: P.243]

원주각의 크기의 두 배가 중심각이라고 했습니다. 그림에서 보이는 원주각의 두 배를 하면 x값이 됩니다. 따라서 답은 106도입니다.

[중학수학(3) 7-20 :: P.243]

원주각의 크기와 호의 길이는 서로 비례한다고 했습니다. 원주각이 20도일 때 호의 길이가 3이면 각이 두 배로 늘어났을 때 호의 길이는 6*cm*가 됩니다. 답은 6*cm*입니다.

7일 만에 끝내는
중학수학

초판 1쇄 발행   2016년 10월 20일

지은이   김승태
펴낸이   한승수
펴낸곳   문예춘추사

편 집   조예원
마케팅   안치환
디자인   이혜정

등록번호   제300-1994-16
등록일자   1994년 1월 24일

주 소   서울특별시 마포구 연남동 565-15 지남빌딩 309호
전 화   02 338 0084
팩 스   02 338 0087
E-mail   moonchusa@naver.com

I S B N   978-89-7604-320-7 44400
978-89-7604-285-9 (세트)